安徽省高等学校“十三五”省级规划教材 / 高职计算机类精品教材

计算机应用基础
项目化教程实训指导

主　编　吕宗明　苏文明
副主编　刘永志　龚　勇　裴云霞　何学成

中国科学技术大学出版社

内 容 简 介

本书是“安徽省高等学校省级质量工程项目”研究成果，是《计算机应用基础项目化教程》的配套实训教材，内容紧紧围绕最新的《全国高等学校（安徽考区）计算机水平考试教学（考试）大纲》中规定的操作部分的所有知识点，实验内容按知识点分类，内容全面，重点突出，案例翔实，操作步骤清晰。全书分为7个项目，共22个实训，主要包括：了解计算机文化、轻松驾驭计算机、制作办公文档、制作电子报表、制作演示文稿、网络与Internet应用、常用工具软件的安装与使用等实训内容。每个实训包含实训目的、实训内容、实训步骤、技能拓展4方面的内容。

本书既可作为高校学生“大学计算机应用基础”课程的实训指导书，又可作为计算机等级考试的辅导用书。

图书在版编目（CIP）数据

计算机应用基础项目化教程实训指导/吕宗明，苏文明主编.—合肥：中国科学技术大学出版社，2016.7（2022.7重印）

ISBN 978-7-312-03983-6

Ⅰ.计… Ⅱ.① 吕… ② 苏… Ⅲ.电子计算机—高等学校—教学参考资料 Ⅳ.TP3

中国版本图书馆CIP数据核字（2016）第123239号

出版 中国科学技术大学出版社
安徽省合肥市金寨路96号，230026
http://press.ustc.edu.cn
https://zgkxjsdxcbs.tmall.com
印刷 安徽省瑞隆印务有限公司
发行 中国科学技术大学出版社
经销 全国新华书店
开本 787mm×1092mm 1/16
印张 7
字数 177千
版次 2016年7月第1版
印次 2022年7月第7次印刷
定价 20.00元

前　言

联合国重新定义的新世纪文盲标准中，将“不能使用计算机进行学习、交流和管理的人”称为第三类文盲，运用计算机进行信息处理已成为当代大学生的必备能力，提高大学生的信息素养已成为计算机基础课程教学需要解决的核心问题。有鉴于此，我们根据教育部计算机基础教学指导委员会《关于进一步加强高等学校计算机基础教学的意见》和《高等学校非计算机专业计算机基础课程教学基本要求》，结合最新的《全国高等学校(安徽考区)计算机水平考试教学(考试)大纲》，编写了本教材。

本书内容涵盖了教育部全国高校网络教育考试委员会制订的“计算机应用基础”考试大纲(2013年修订版)中规定的操作部分的所有知识点，实验内容按知识点分类，内容全面，重点突出，案例翔实，操作步骤清晰。全书分为7个项目，共22个实训，每个实训包含实训目的、实训内容、实训步骤、技能拓展4个方面的内容，主要内容包括：了解计算机文化、轻松驾驭计算机、制作办公文档、制作电子报表、制作演示文稿、网络与Internet应用、常用工具软件的安装与使用。

参加本书编写的作者都是多年从事一线教学的教师，具有较为丰富的教学经验。本书是《计算机应用基础项目化教程》的配套实训教材，同时又具有独立性，既可作为高校学生“大学计算机应用基础”课程的实训指导书，又可作为计算机等级考试的辅导用书。

本书由吕宗明、苏文明任主编，刘永志、龚勇、裴云霞、何学成任副主编。参加编写的有刘训星、张小奇、张宝春、黎颖、蔡小爱、胡敏、潘文、王玉等。

我们在本书编写的过程中参考了相关文献，在此向这些文献的作者深表感谢。由于作者水平有限，书中难免有错误与不足之处，恳请专家和广大读者批评指正。

编　者

目　　录

项目一　了解计算机文化

实训　计算机的启动和指法练习

一、实训目的

(1) 熟悉计算机的外观,了解计算机的基本组成。

(2) 了解计算机的启动过程。

(3) 初步使用计算机,熟悉键盘、鼠标的使用方法。

(4) 熟悉键位,了解正确的击键姿势。

(5) 掌握打字软件金山打字通并进行指法练习。

二、实训内容

1. 正确打开和关闭计算机

使用计算机第一个要注意的是正确的开机和关机顺序。开机的时候应先打开外设的电源,如显示器、音箱、打印机、扫描仪等,然后再接通主机电源。而关机的顺序则刚好相反,因为在主机通电的情况下,关闭外设电源的瞬间,会对电源产生很大的电流冲击,所以应该先关闭外设电源,这样可以减少对硬件的伤害。电脑在进行读写操作时不能切断电源,以免对硬盘造成损坏。电脑正在使用时关闭显示器电源会对电脑造成电流冲击。

关机后不能马上开机,关机后距离下一次开机的时间,至少要有10 S。频繁的开机关机,会对电脑硬件造成很大的电流冲击,尤其是硬盘。

2. 在Word中打出下列简句

本实训共34道题,每题请在三分钟内输完,输入时要上下对齐,方便检查核对。

(1) 在Word中,输入的内容刚好超出一页,而页面及版式又不便作调整时,与其仔细地斟酌该删除哪一些字句,倒不如灵活地使用"缩至整页"功能。

(2) 流媒体不会永久占用计算机上的磁盘空间,但需要连接Internet才能播放。本地媒体不用连接到有关网站即可播放,但会占用大量磁盘空间。

(3) 中小学多媒体数字图书馆(CMDL)是教研、备课、探究教学和研究性学习的基础资源,可实现资源建设、新课程教学、数字化学习等方面的功能。

(4) FlashGet使用分类的概念来管理下载的文件,它可以根据类别来指定磁盘目录,存放某一类别的下载任务,下载完成后就会保存到该目录中。

(5) Foxmail以其设计优秀、体贴用户、使用方便、提供全面且强大的邮件处理功能,以及很高的运行效率等特点,赢得了广大计算机用户的青睐。

(6) KV 2005独创的"系统级深度防护技术"与操作系统互动防毒,改变了以往独立于操作系统和防火墙的单一模式,开创了系统级病毒防护新纪元。

(7) MySQL是完全网络化的跨平台关系型数据库系统,用户可以用多种计算机语言编写访问其数据库的程序。它与PHP的黄金组合运用地十分广泛。

(8) WinRAR的"安装向导"使初学者也能方便地安装它。它对文件的压缩和解压缩操作更是简便易行,只要右击要压缩的文件,再选择压缩即可。

(9) PhotoMark是一款专门给图像添加水印功能的工具,可以快速、准确、方便地添加独特标识,甚至能一次完成不同地方的多个标识制作。

(10) 酷狗具有强大的搜索功能,支持用户从全球KUGOU用户中快速检索所需要的资料,还可以与朋友间互传影片、游戏、音乐和软件,共享网络资源。

(11) RealPlayer会自动扫描文件夹中是否存在使用浏览器或其他程序下载的媒体文件,并为检测到的媒体文件在"我的媒体库"中创建剪辑。

(12) Photoshop是目前最为流行的专业图像处理软件,以其在图像编辑、处理方面的强大功能和操作方便易用的特点备受广大用户的青睐。

(13) 1995年,中国的决策者们访问了印度,希望从中学到经验。同时制定了推广Linux、开发安全的电子商务软件企业用产品和发展教育软件的项目。

(14) 假如你是一名英语教师,那就更简单了,不但不用去学习打汉字,而且你打的每个英文单词,Word 2000都会自动进行校对,还有自动更正功能。

(15) 5月6日,这看似平常的一天,联想Legend电脑公司的第一百万台电脑下线;第二年,联想电脑击败了众多国外品牌机,稳居国内市场第一名。

(16) 新的桌面风格:在Windows桌面风格和功能的基础上,增加了有关支持网络操作的快捷任务栏、浏览工具栏、频道工具栏等便捷操作工具。

(17) 第二年,作为向建国十周年的献礼,他们又研制成功了我国第一台大型通用电脑104机,内存扩大到2 KB,速度达到了每秒1万次,共生产了七台。

(18) 当然,微软本身在中国的发展方式是不当的。Windows最先从台湾寻求发展,而且扬言要让用户对微软产品产生依赖性,以便日后能够控制他们。

(19) 许多年来,软件发展的最大障碍就是不合法软件的高使用率。按照商业软件联盟的报告,这种状况并未有很大的改变。

(20) 爱因斯坦(Einstein),是现代物理学的开创者和奠基人,举世闻名的物理学家,提出深奥难懂的相对论,被美国《时代周刊》评为"世纪伟人"。

(21) 平安夜是指圣诞前夕,届时千千万万的欧美人风尘仆仆地赶回家中团聚。圣诞之夜必不可少的节目是Party或聚会。

(22) 古生物学家最近发现一种比暴龙(Bolon)更凶恶的动物,那就是在远古海洋中的一种巨型海怪,它被称为"未知猎食者"。

(23) 方案(Plan)范文库是一家以收录优秀原创范文为主的非盈利性网站,拥有上万篇应用文写作范文及方案文档等办公写作资料。

(24) 这篇文章讲的是一只骄傲的孔雀(Peafowl)为炫耀自己的美丽,竟和自己的影子比美,结果掉入湖里的故事。

(25) 父母在一些似是而非(Specious)的问题上随大流往往导致孩子又累又不成功,还失去了最宝贵的幸福感。

(26) 学校组织大型校外活动必须提前申报,经教育局同意才能实施,并且实施前要组织师生进行安全教育,还要有详细的安全(Security)预案。

(27) 科鲁是一家安装及维护中央暖气系统的公司,他们用计算机控制加热器的打开与关闭。该公司程序员Tony写了一段将室内温度保持在20℃左右的控制程序。

(28) 谷歌发布的网页浏览器(Chrome)令世界为之瞩目。虽然刚起步,研发相对比较粗糙,但它却在3个月的时间里就占据全球1%的浏览器份额。

(29) 编写Pascal程序解决问题,首先需要分析问题的已知条件,从而对问题给出准确的描述。比如,解一元二次方程,首先判断根的判别式是否大于等于零。

(30)《时空罪恶》是一部非常纯粹的科幻(Fiction)悬疑电影,里面既没有分支的情节,也没有多余的人物,有的只是科幻及由科幻造成的悬疑……

(31) 进行早期智力教育重要的不是传授深奥的科学(Science)知识,而是发展注意力、观察力、记忆力、思维力和想象力,以及口语表达能力。

(32) 一个人如果在学龄前期没有练习说话的机会,长大成人后即使花费很大的精力,也难达到正常人的口语水平。我们要从小培养儿童(Child)智力。

(33) 父亲(Father)是坚强的,女儿更是坚强的。当她做完第十一次化疗后,可怕的事情发生了:一头秀发掉得一根不剩。

(34) 天底下每一个母亲(Mother)都记得孩子的生日、爱好,而又有多少孩子了解妈妈的生日和爱好呢?悄悄地收集起这些信息,并把它记录下来。

三、操作提示

1. 通过观察熟悉计算机的外观

(1) 主机;(2) 显示器;(3) 键盘;(4) 鼠标。

2. 启动计算机

(1) 打开外部设备和主机电源。

(2) 观察启动时自检的提示信息。

(3) 用硬盘进行冷启动、热启动和用“RESET”按钮启动计算机(不要频繁做)。

(4) 掌握调整显示屏的亮度、对比度、上下左右对准等操作。

3. 操作的正确姿势和要领

(1) 身体保持端正,两脚放平。椅子的高度以双手可平放在桌面上为准,电脑桌与椅子之间的距离以手指能轻放基本键为准;两臂自然下垂轻贴于腋边,手腕平直,身体与桌面距离20~30厘米;打字文稿应放在键盘的左边,或用专用夹夹在显示器旁。力求“盲打”,打字时尽量不要看键盘,视线专注于文稿或屏幕。看文稿时,心中默念,不要出声。

(2) 准备打字时,两手八指轻放在第三排的基本键位上,即:左手的“A”键、“S”键、“D”

键、“F”键,右手的“J”键、“K”键、“L”键和“;”键。它们分别对应的手指是:左手的小指、无名指、中指、食指和右手的食指、中指、无名指、小指。

(3) 十指分工,包键到位,分工明确。具体分工如图1.1所示。

图1.1　手指的分工

(4) 手指稍微弯曲拱起,稍斜垂直放在键盘上,而手腕则悬起,不要放在键盘上。击键的力量来自手腕,尤其是小指击键时,仅用手指的力量会影响击键的速度。

(5) 任一手指击键后,如果时间允许都应回到基本键位,不可停留在击字键上。

(6) 击键力度适当,节奏均匀。

4. 打字软件——金山打字通介绍

金山打字通2003是一个功能齐全、数据丰富、界面友好的集打字练习、打字测试于一体的打字软件。它主要包括英文打字、中文打字(拼音打字和五笔打字)、速度测试、打字游戏等几大项功能。

金山打字软件的界面生动活泼、功能操作简单易懂。对应每个不同的使用者可以有不同的用户名。窗口的左边6个按钮是用户选择调用不同功能的操作界面。

启动计算机后,单击“开始”按钮里的“程序”选项,选择“金山打字通2003”程序,启动金山打字通软件,如图1.2所示。

图1.2　金山打字通2003的界面

5. 进行指法练习

(1) 键位练习

单击“英文打字”,选择“键位练习”(分初级和高级),按照系统的提示进行打字,以熟悉键位。

(2) 单词练习

熟悉键位后,可以进行单词练习,在系统提示下进行。

(3) 文章练习

熟悉键盘后,可以进行文章练习,以熟悉掌握各键所处的位置。

(4) 中文练习

以前练习过指法的同学,也可以进行中文打字练习,有各种中文输入法可供选择,此处提供常见的拼音练习和五笔练习两种。

6. 退出打字软件

按窗口右上角关闭键就可以关闭金山打字通。

7. 打字练习

启动Word软件完成实训内容中34题的打字练习。

8. 关机

(1) 按“开始”下的“关机”,关闭计算机主机。

(2) 关闭显示器。

项目二　轻松驾驭计算机

实训一　组装台式计算机

一、实训目的

(1) 了解台式计算机的硬件组成。
(2) 掌握组装台式计算机的主要步骤。

二、实训内容

(1) 台式计算机的硬件认识。
(2) 台式计算机组装过程。

三、实训步骤

操作1　硬件认识

台式计算机(如图2.1所示)的硬件一般由CPU、主板、内存、显卡、硬盘、光驱、显示器、键盘、鼠标、电源和机箱组成。

图2.1　台式计算机

（1）CPU（如图2.2所示）：中央处理器（Central Processing Unit，CPU）是一块超大规模的集成电路，是一台计算机的运算和控制核心，主要包括运算器（Arithmetic and Logic Unit，ALU）和控制器（Control Unit，CU）两大部件。

图2.2　CPU

（2）主板（如图2.3所示）：主板又叫主机板（Mainboard）或母板（Motherboard）；它安装在机箱内，是计算机最基本的也是最重要的部件之一。它其实就是一块电路板，上面密密麻麻都是各种电路。它可以说是计算机的神经系统。

图2.3　主板

（3）内存（如图2.4所示）：内存是计算机中重要的部件之一，它是与CPU进行沟通的桥梁。计算机中所有程序的运行都是在内存中进行的，因此，内存的性能对计算机的影响非常大。内存（Memory）也被称为内存储器，其作用是暂时存放CPU中的运算数据，以及与硬盘等外部存储器交换的数据。只要计算机在运行中，CPU就会把需要运算的数据调到内存中进行运算，当运算完成后，CPU再将结果传送出来，内存的运行也决定了计算机的稳定运行。内存是由内存芯片、电路板、金手指等部分组成的。

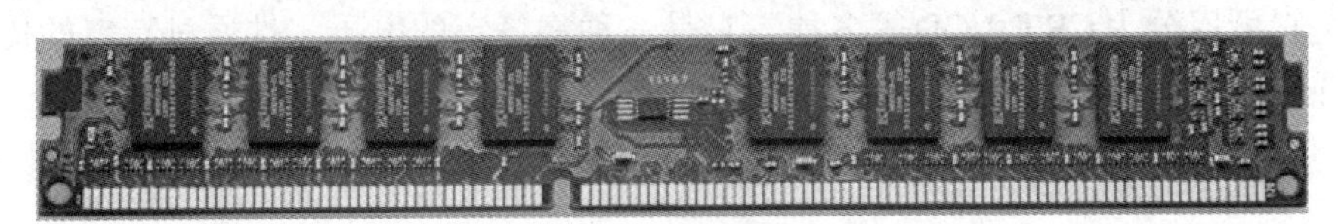

图2.4　内存条

(4) 显卡(如图2.5所示):全称为显示接口卡(Video Card,Graphics Card),又称显示适配器(Video Adapter)或显示器配置卡,是计算机最基本配置之一。显卡的用途是将计算机系统所需要的显示信息进行转换驱动,并向显示器提供数据信号,控制显示器的正确显示,是连接显示器和个人电脑的重要元件,是"人机对话"的重要设备之一。显卡作为电脑主机里的一个重要组成部分,承担输出显示图形的任务,对于从事专业图形设计的人来说显卡非常重要。

图2.5 显卡

(5) 硬盘(如图2.6所示):硬盘(Hard Disk Drive,HDD)是电脑主要的存储媒介之一,由一个或者多个铝制或者玻璃制的碟片组成,碟片外覆盖有铁磁性材料。

硬盘有固态硬盘(SSD,新式硬盘)、机械硬盘(HDD,传统硬盘)和混合硬盘(HHD,一块基于传统机械硬盘诞生出来的新硬盘)。SSD采用闪存颗粒来存储,HDD采用磁性碟片来存储,HHD是把磁性硬盘和闪存集成到一起的一种硬盘。绝大多数硬盘都是固定硬盘,被永久性地密封固定在硬盘驱动器中。

图2.6 硬盘

(6) 光驱、显示器(如图2.7所示):光驱是电脑用来读写光碟内容的装置,是台式机和笔记本电脑里比较常见的一个部件。随着多媒体的应用越来越广泛,使得光驱成为计算机的标准配置。目前,光驱可分为CD-ROM驱动器、DVD光驱(DVD-ROM)、康宝(COMBO)和刻录机等;显示器(Display)通常也被称为监视器。显示器是属于电脑的I/O设备,即输入输出设备。它可以分为CRT、LCD等多种。它是一种将一定的电子文件通过特定的传输设备显示到屏幕上再反射到人眼的显示工具。

图2.7 光驱、显示器

(7) 键盘、鼠标(如图2.8所示):键盘是用于操作设备运行的一种指令和数据输入装置。键盘是最常用也是最主要的输入设备,通过键盘可以将英文字母、数字、标点符号等输入到计算机中,从而向计算机发出命令、输入数据等;鼠标是计算机输入设备的简称,分有线和无线两种。鼠标也是计算机显示系统纵横坐标定位的指示器,因形似老鼠而得名“鼠标”。“鼠标”的标准称呼应该是“鼠标器”,英文名“Mouse”。鼠标的使用可以代替键盘繁琐的指令,使计算机的操作更加简便。

图2.8 键盘、鼠标

(8) 电源、机箱(如图2.9所示):电脑电源是把220 V交流电转换成直流电,并专门为电脑配件如主板、驱动器、显卡等供电的设备,是电脑各部件供电的枢纽,是电脑的重要组成部分;机箱作为电脑配件中的一部分,主要用来放置和固定各电脑配件,起到承托和保护作用。此外,电脑机箱具有屏蔽电磁辐射的重要作用。虽然在DIY电脑中不是很重要的配置,但是质量不良的机箱容易导致主板和机箱短路,使电脑系统变得很不稳定。

图2.9 电源、机箱

操作2 台式计算机组装

1. 组装前的准备

(1) 螺丝刀。在装机时要用到两种螺丝刀,一种是"一"字形的,另一种是"十"字形的。因为机箱内空间狭小,用手扶螺丝很不方便,应尽量选用带磁性的螺丝刀,这样可以降低安装的难度。

(2) 器皿。在安装或拆卸计算机的过程中,有许多螺丝钉及一些小零件需要随时取用,所以应该准备一个小器皿,用来盛装这些东西,以防丢失。

(3) 尖嘴钳。尖嘴钳主要用来拧一些比较紧的螺丝和螺母,如在机箱内安装固定主板的垫脚螺母时就可能用到尖嘴钳。

(4) 镊子。插拔主板或硬盘上的跳线时需要用到镊子。另外,如果有螺丝不慎掉入机箱内,也需用镊子将螺丝取出来。

(5) 组装计算机所需的配件:CPU、主板、内存、显卡、硬盘、光驱、机箱、电源、键盘、鼠标、显示器、各种数据线和电源线,以及机箱和主板附带的各种螺丝、螺母等。

(6) 工作台。工作台需宽敞平整,最好是木制或垫上绝缘桌垫,因为安装操作系统时可能需要在工作台上加电测试。此外,还应准备电源插座以便测试机器时使用。

2. 组装顺序

组装时以主板为中心,把所有东西摆好。在主板装进机箱前,先装上处理器与内存,要不然接下来会很难装,弄不好还会损坏主板。此外,还要确定板卡安装是否牢固,连线是否正确、紧密。不同主板与机箱的内部连线可能有所区别,连接时有必要参照主板说明书进行,以免接错线而造成意外。

3. 组装技巧

由于我们穿着的衣物会因为相互摩擦而产生静电,特别是在天气干燥的秋冬季节,人体静电可能将CPU、内存等芯片电路击穿而造成器件损坏,这是非常危险的。最简单的方法是在组装之前用自来水冲洗手或触摸金属物体。

在安装过程中一定要注意正确的安装方法,有不懂的地方一定要仔细查阅说明书,不要强行安装。插拔各种板卡时切忌盲目用力,用力不当可能使引脚折断或变形。对安装后位置不到位的设备不要强行使用螺丝钉固定,因为这样容易使板卡变形,日后易发生断裂或接触不良的情况。配件要轻拿轻放，不要碰撞，尤其是硬盘。不要先连接电源线，通电后不要触摸机箱内的部件。在拧紧螺丝时要用力适度，避免损坏主板或其他部件。

4. 组装过程

(1) CPU的安装

我们以Core i7处理器安装为例。具体操作步骤如下：

步骤1，注意到插槽下方的“J”型拉杆，它是插槽顶盖卡锁，向下抠出并拉起拉杆至90度，如图2.10所示。

图2.10　CPU安装步骤1

步骤2，打开金属顶盖，看到塑料保护盖，塑料保护盖上有两个小小的突出开口，用指甲插入即可撬起保护盖，如图2.11所示。

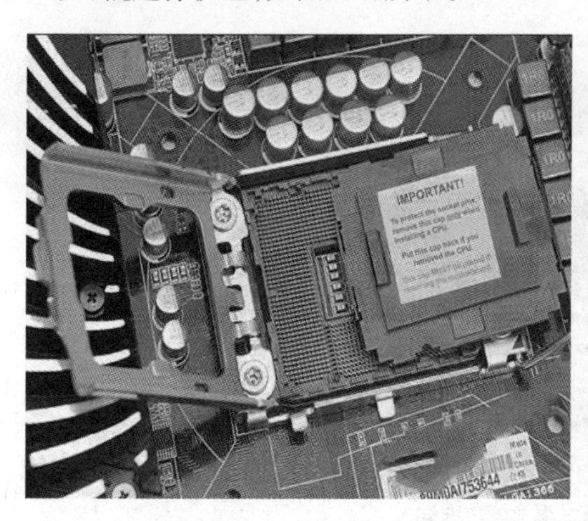

图2.11　CPU安装步骤2

步骤3，注意CPU两侧的小缺口，将其对准插槽上的突起放下，CPU即可准确嵌入插槽。正确安装后，应保证CPU的绿色基板和插槽顶端平齐，放下金属顶盖，最好向下按一按以保证到位。将金属拉杆回位，此时它的上下都应该被两个小金属片固定，如图2.12所示。

图2.12　CPU安装步骤3

CPU安装完成以后，就需要安装散热器(CPU风扇)。在安装之前，首先需要确定主板上的CPU风扇插针位置，保证风扇安装后电源线长度足够连接到这个插针。Core i7原装风扇的底部接触面上，已经预先涂好了三条散热硅脂，正好覆盖CPU顶部突出的散热片。如果选择自行安装第三方散热器，可以适量涂抹散热硅脂。

(2) 内存条的安装

内存条的安装、拆卸非常简单。首先，分清内存条的类型。如图2.13所示，找准内存条上金手指处的缺口与DIMM槽上对应的防插反隔断(突起)位置(❶)。将内存条垂直地用劲插到底。每一条DIMM槽的两旁都有一个卡齿(❷)，当内存缺口对位正确，且插接到位之后，这两个卡齿会自动将内存条卡住。如果要卸下内存，只需向外扳动两个卡齿，内存条即会自动从DIMM槽中脱出。

图2.13　内存条安装、拆卸

(3) 主板的安装

打开机箱的侧板，把机箱平放在桌子上，然后将机箱提供的主板垫脚螺母安放到机箱主板托架的对应位置(有些机箱购买时就已经安装)。把已经安装好CPU、内存条的主板放进机箱，将主板有PCI插槽的一方对着机箱后板放下，并大致将串口、并口、鼠标接口、键盘接口(可装上主板自带的接口挡板)对准机箱背板上的对应插口，如果均已一一对应后，先将金属螺丝套上纸质绝缘垫圈加以绝缘，再用螺丝刀旋入此金属螺柱，最后将主板固定在机箱内，如图2.14所示。

图2.14　主板安装

(4) 硬盘的安装

在安装好CPU、内存之后,我们需要将硬盘固定在机箱的3.5寸硬盘托架上。对于普通的机箱,我们只需要将硬盘放入机箱的硬盘托架上,拧紧螺丝使其固定即可。很多用户使用了可拆卸的3.5寸机箱托架,这样硬盘安装起来就更加简单。

(5) 显卡的安装

用手轻握显卡两端,垂直对准主板上的显卡插槽,向下轻压到位后,再用螺丝固定即完成了显卡的安装。

(6) 电源、光驱的安装

安装光驱的方法与安装硬盘的方法大致相同,对于普通的机箱,我们只需将机箱4.25寸的托架前的面板拆除,并将光驱固定在对应的位置,拧紧螺丝即可。

机箱电源的安装方法比较简单,放入到位后,拧紧螺丝即可,不做过多的介绍。

四、技能拓展

1. 认识电脑接口

电脑的主机组装完毕以后,需要通过不同的连接线把主机、显示器、音响等不同的外部设备连接起来,组成一台完整的计算机,电脑主机后面的不同接口分别对应不同的设备,如图2.15所示。电脑接口都为防呆设计,在连接时只要按照颜色、接口形状连接就能完成。

2. 连接主板各种线缆

这一步要注意,不要插错,要在主板上仔细对照。尤其是硬盘指示灯、电源开关、电源指示灯、USB等接口,在接的时候需注意正负极,一旦接错了,就可能烧坏主板。前置音频的接口在每个主板上的位置不同,要对照主板说明书来连接,没有说明书的就只能在主板上慢慢找,如图2.16所示。

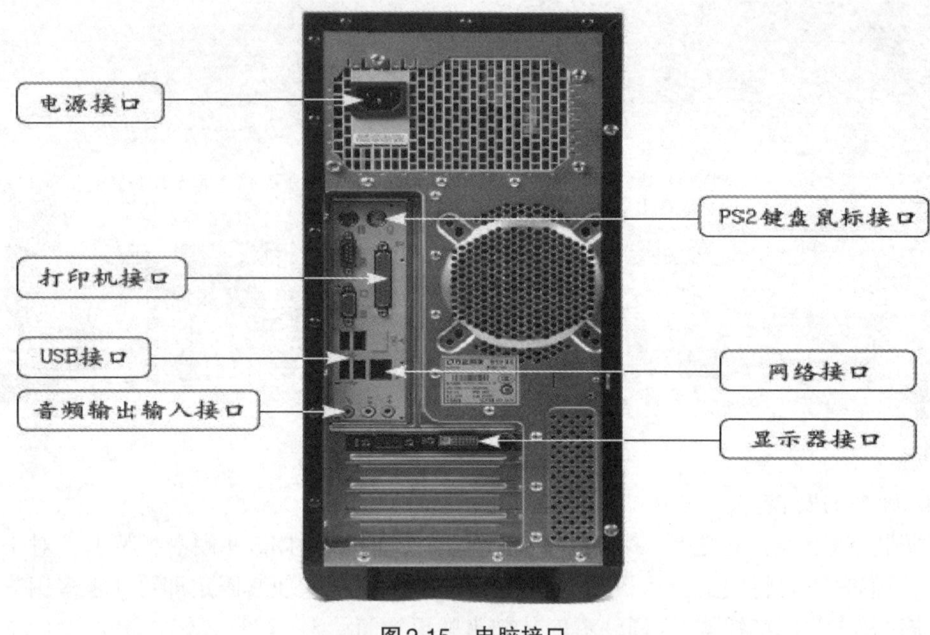

图2.15　电脑接口

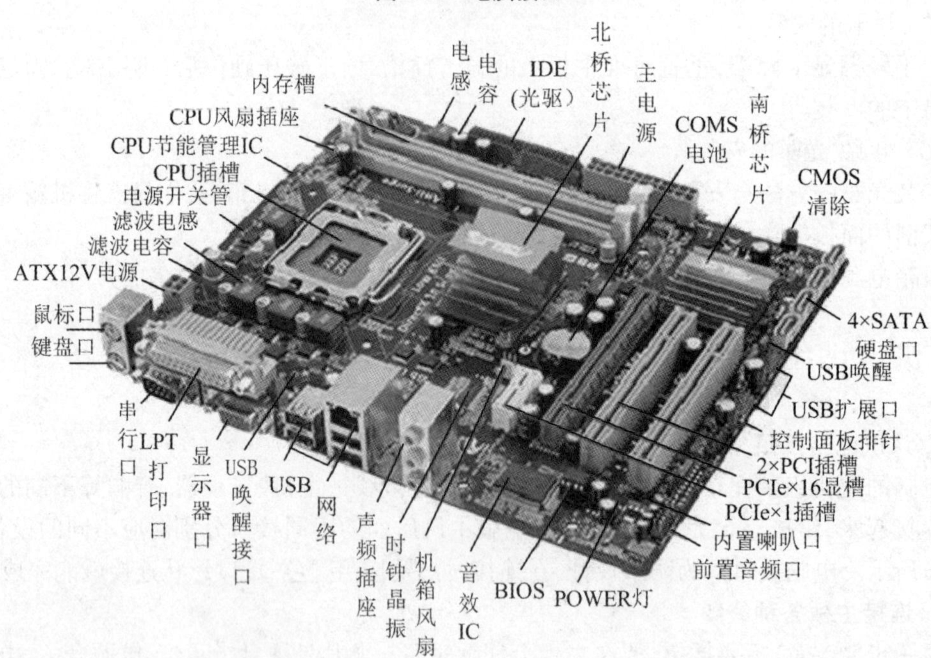

图2.16　主板接口

实训二 安装Windows 7操作系统

一、实训目的

(1) 掌握Windows 7操作系统的安装。
(2) 掌握Windows 7操作系统的备份。

二、实训内容

(1) Windows 7 操作系统的安装。
(2) Windows 7 操作系统的备份。

三、实训步骤

操作1 Windows 7操作系统的安装

1. 安装前的准备

在安装Windows 7之前,需要通过BIOS设置光盘为第一启动盘,操作步骤如下:

(1) 在计算机启动过程中,根据界面上的提示按下"Delete"键不放,进入CMOS设置界面后,通过键盘上的方向键选择"Advanced BIOS Features"选项,然后按"Enter"键,如图2.17所示。

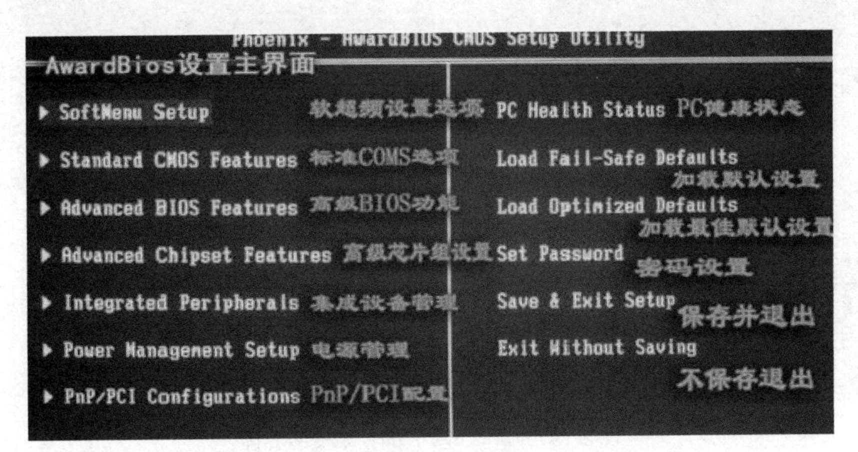

图2.17 CMOS设置界面

(2) 进入BIOS设置界面,用方向键选择"First Boot Device"选项,然后按"Enter"键;在弹出的列表中用方向键选择"CDROM"选项,然后按"Enter"键,第一启动盘就被设置成光盘,如图2.18所示。

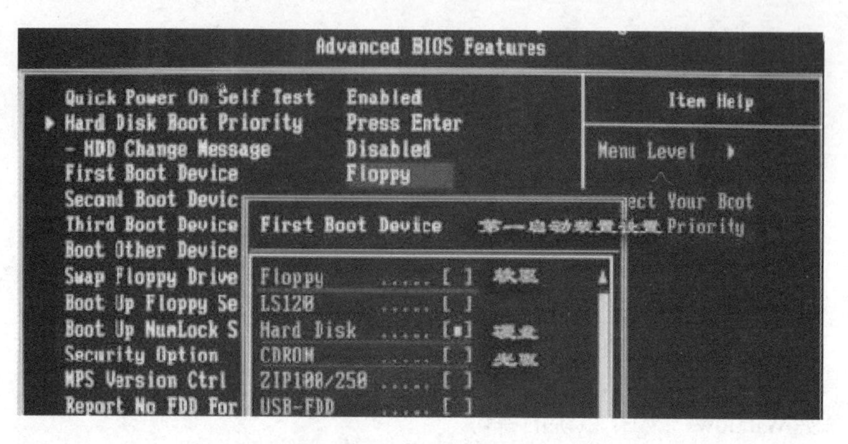

图2.18　BIOS设置界面

(3) 按“ESC”键退出BIOS设置，回到主界面。用方向键选择“Save & Exit Setup”选项，按“Enter”键，在弹出对话框后按“Y”键，然后按“Enter”键即可完成设置。

(4) 进入不同的BIOS，其方法可能也会有不同。一般情况下是按“Delete”键进入BIOS，有的则是按“F2”键或“Tab”键进入的。一般开机后屏幕左下角会出现“Press <某键> To Enter Setup”的提示，根据提示按相应的键即可进入BIOS。

2. 安装Windows 7

设置好启动顺序后，将Windows 7安装盘放入光驱中，然后重新启动计算机，根据提示按任意键即可从DVD光驱启动，之后进入Windows 7的安装过程。

(1) 系统通过光盘引导之后，进入Windows 7的初始安装界面，如图2.19所示。

图2.19　Windows 7 的初始安装界面

（2）单击“现在安装”按钮，弹出如图2.20所示的对话框。

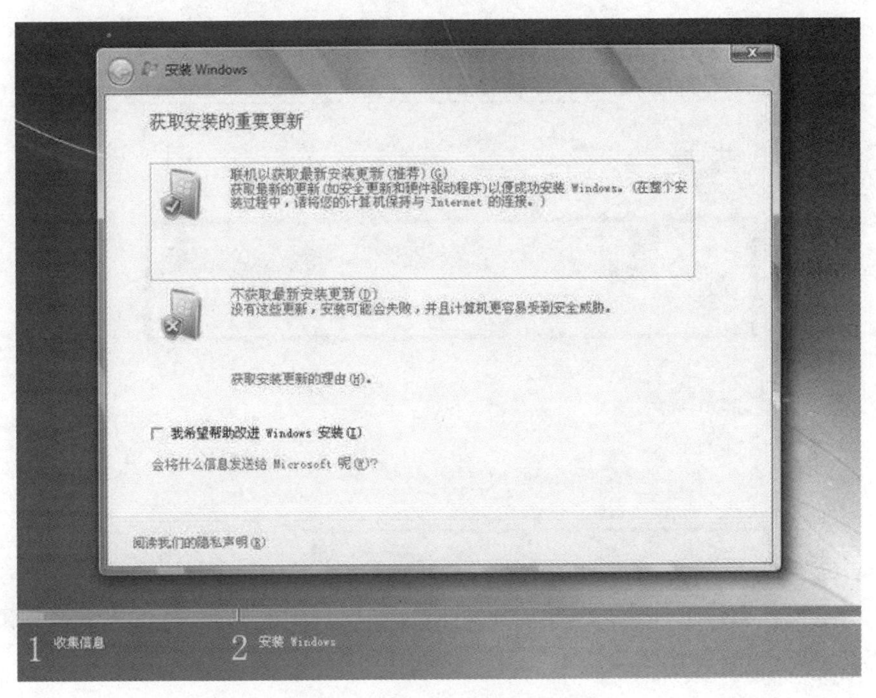

图2.20　获取安装的重要更新

（3）双击第二个选择项，弹出如图2.21所示的对话框。进入协议许可界面，选中“我接受许可条款”复选框，单击“下一步”按钮即进入安装方式选择界面，单击“自定义(高级)”选项，如图2.22所示。

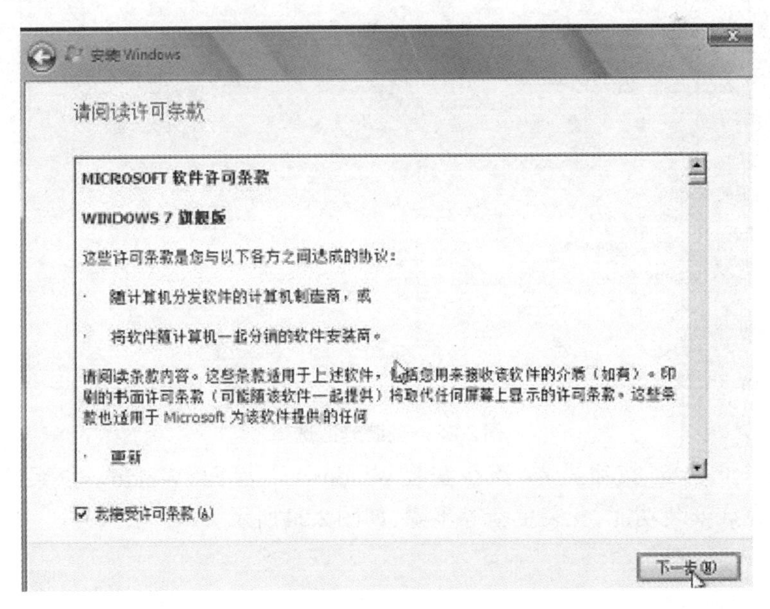

图2.21　协议许可界面

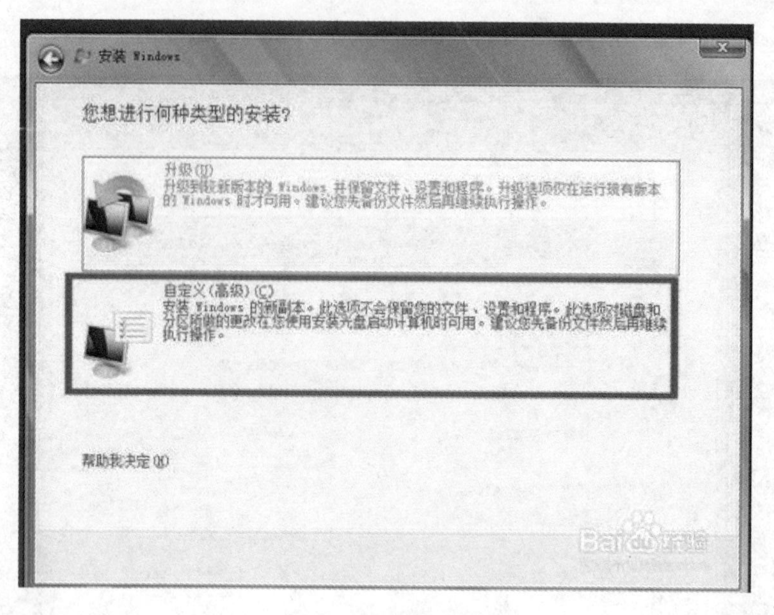

图2.22　安装方式选择

（4）指定操作系统的安装位置。此时可以选择硬盘中的已有分区，或者使用硬盘上的未占用空间创建分区，如图2.23所示。

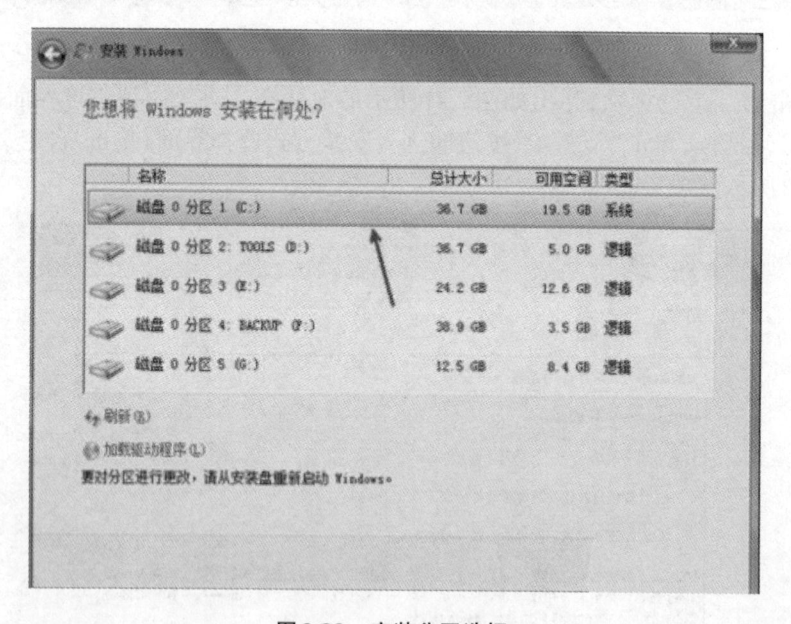

图2.23　安装分区选择

（5）单击“下一步”按钮进入“正在安装Windows...”界面，Windows 7系统开始安装操作，并且依次完成安装功能、安装更新等步骤，如图2.24所示。

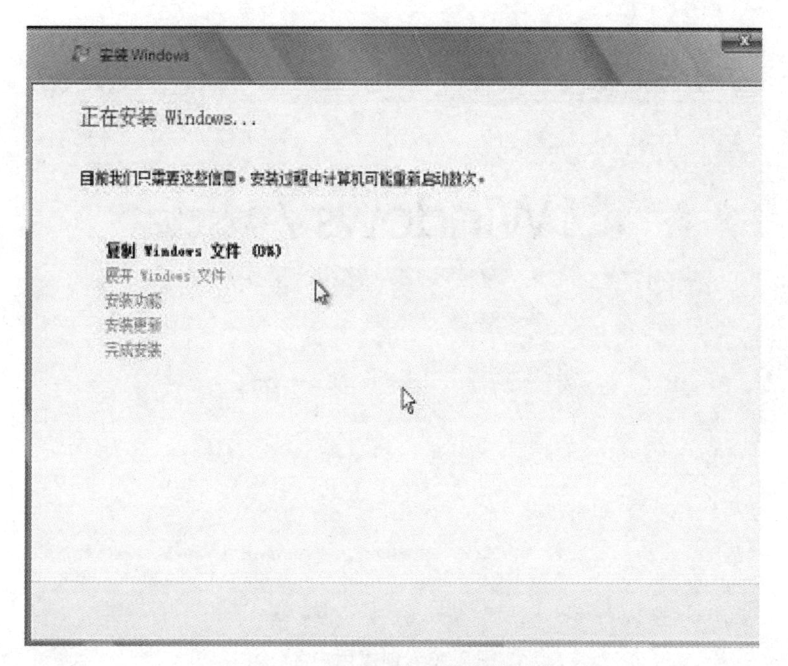

图2.24　Windows 7的安装过程

(6) 安装完成后，系统弹出如图2.25所示的对话框。

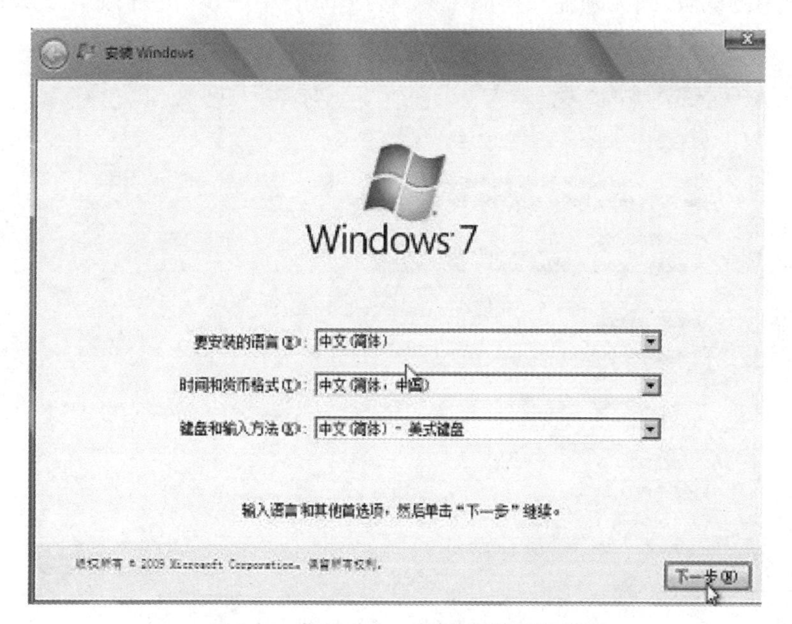

图2.25　Windows 7国家与地区设置

(7) 单击“下一步”按钮进入创建用户名界面，在“键入用户名”文本框中输入用户名，在“键入计算机名称”文本框中输入计算机名，或者保持默认也可，如图2.26所示。

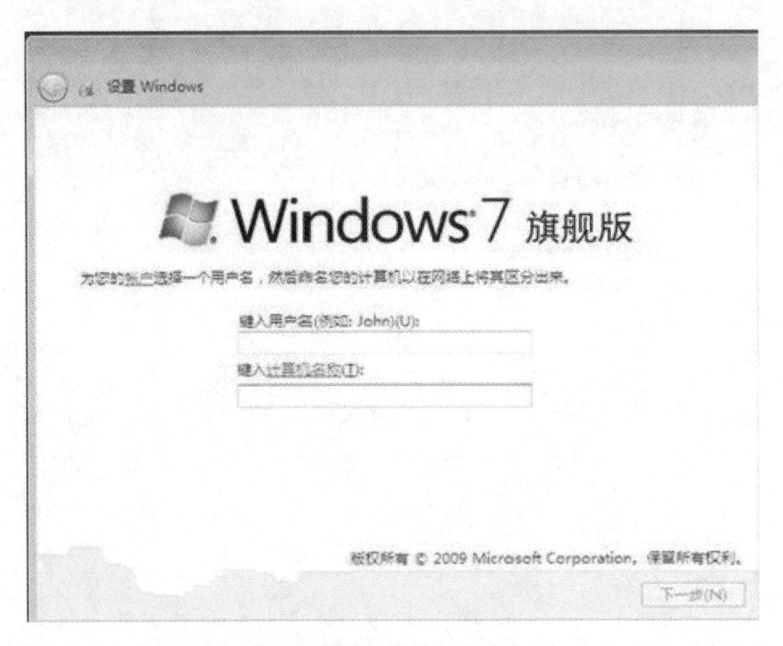

图2.26　创建用户名

(8) 单击“下一步”按钮进入输入密钥界面，输入正确的产品密钥，单击“下一步”按钮继续；若只是使用测试版，则无须输入产品密钥，直接单击“下一步”按钮，如图2.27所示。

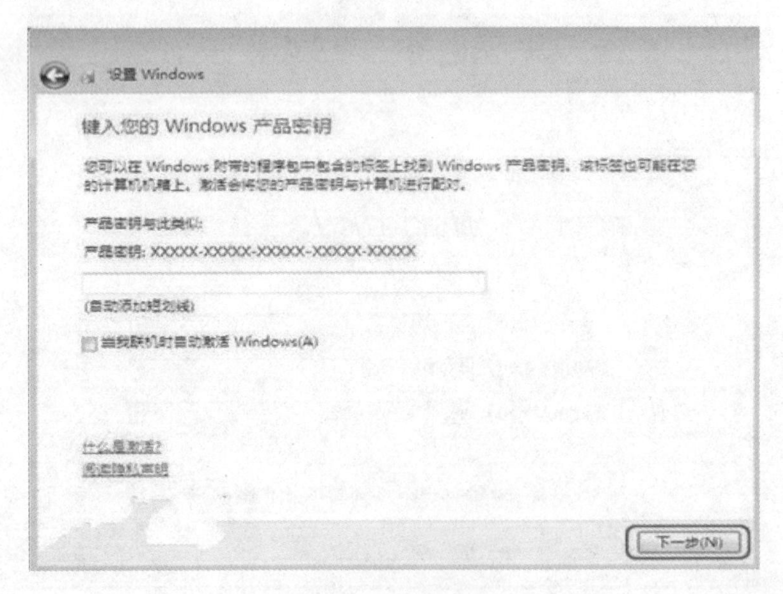

图2.27　输入密钥

(9) 进入帮助自动保护计算机界面设置安全选项，一般情况下选择“使用推荐设置”选项，如图2.28所示。

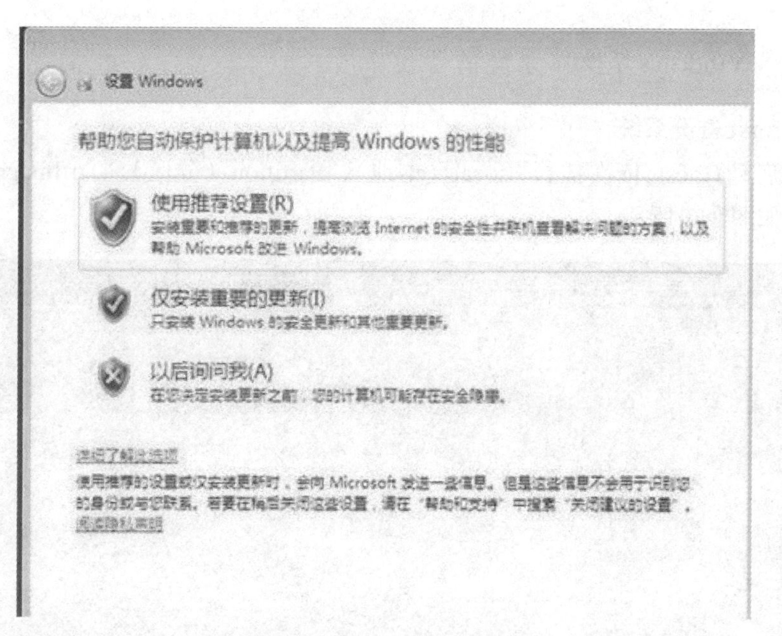

图2.28 自动保护设置

（10）进入“查看时间和日期设置”界面，设置正确的时间和日期，如图2.29所示。时间和日期也可以在安装完成后进行设置。

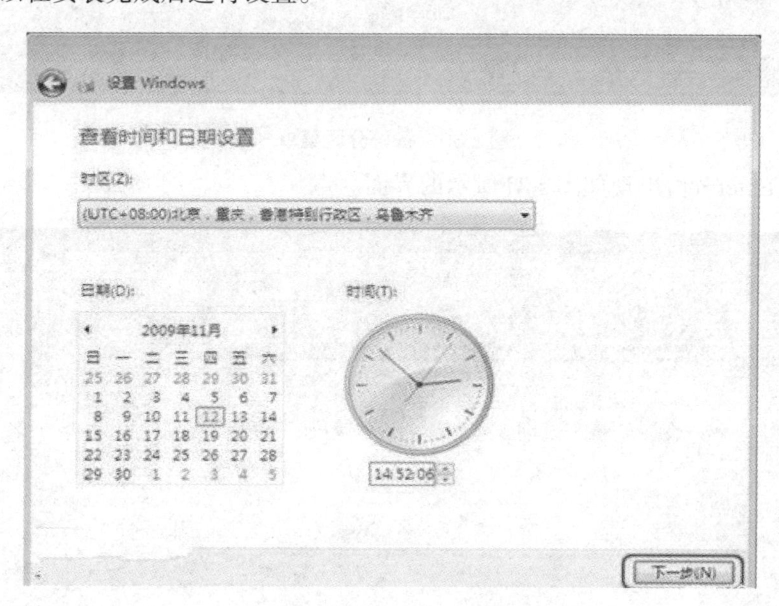

图2.29 设置时间和日期

（11）系统进行最后的安装，直到出现期待已久的Windows 7桌面时，安装即告完成。

操作2 Windows 7操作系统的备份

1. 用Ghost备份系统

下载并启动Ghost,依次执行"Local"(本地)、"Partition"(分区)、"To Image"(生成映像文件)命令,如图2.30所示。

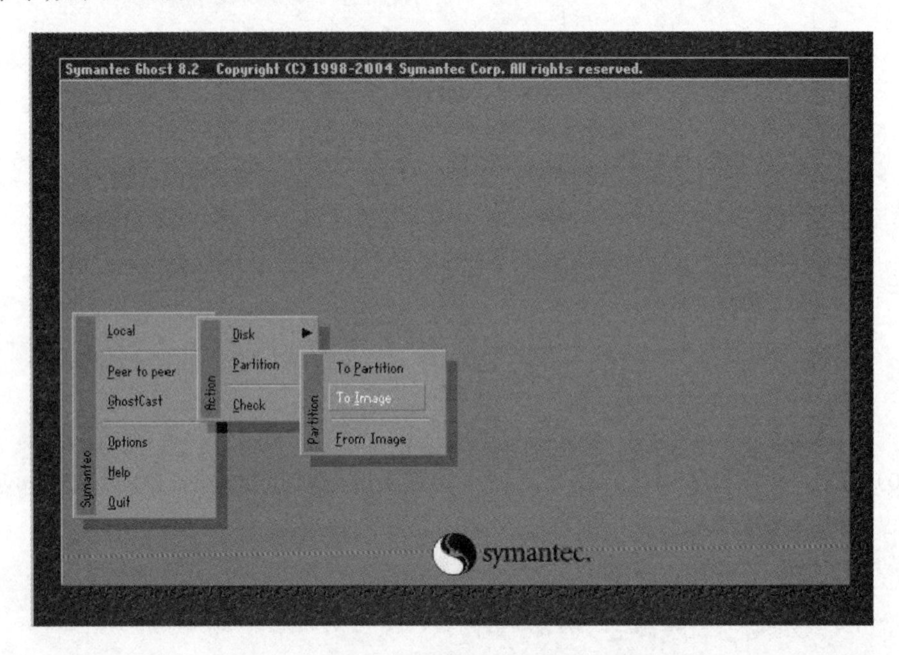

图2.30 备份分区菜单

然后按"Enter"键,出现如图2.31所示的界面。

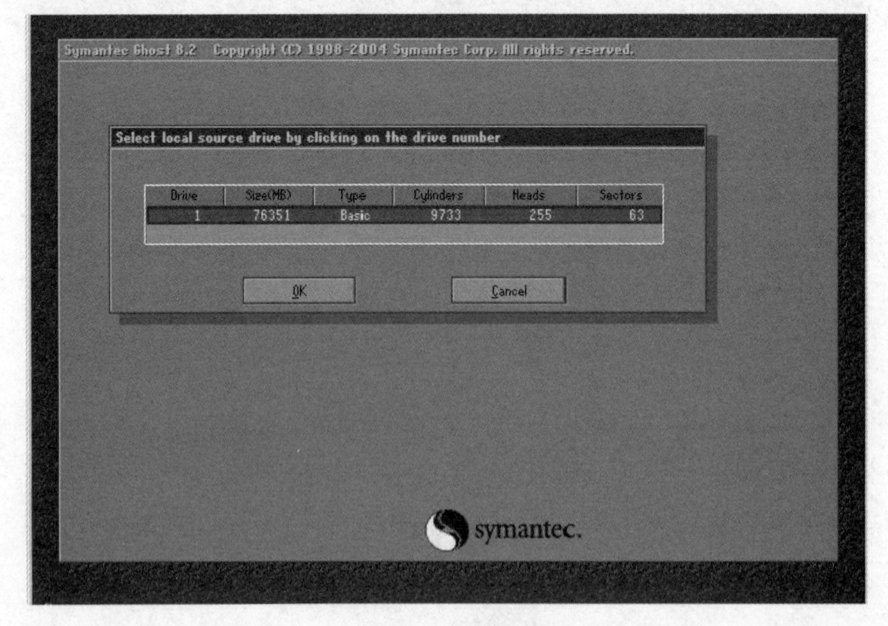

图2.31 硬盘选择

选择本地硬盘后,按"Enter"键,出现如图2.32所示的界面。

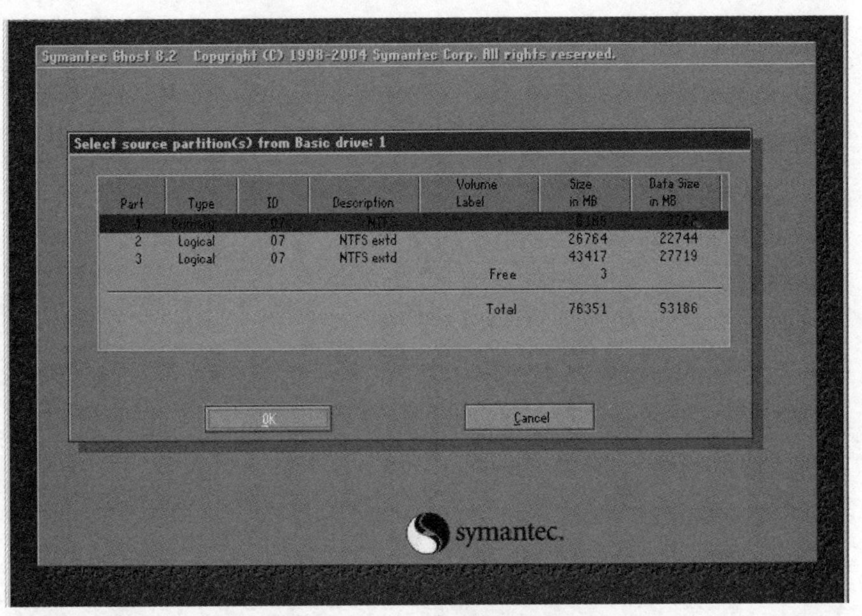

图2.32 选择源分区

将蓝色光条选定到要制作镜像文件的分区上，选择源分区，按“Enter”键确认要选择的源分区，单击“OK”按钮，再按“Enter”键，进入镜像文件存储目录，如图2.33所示，在“File Name”处输入镜像文件的文件名。

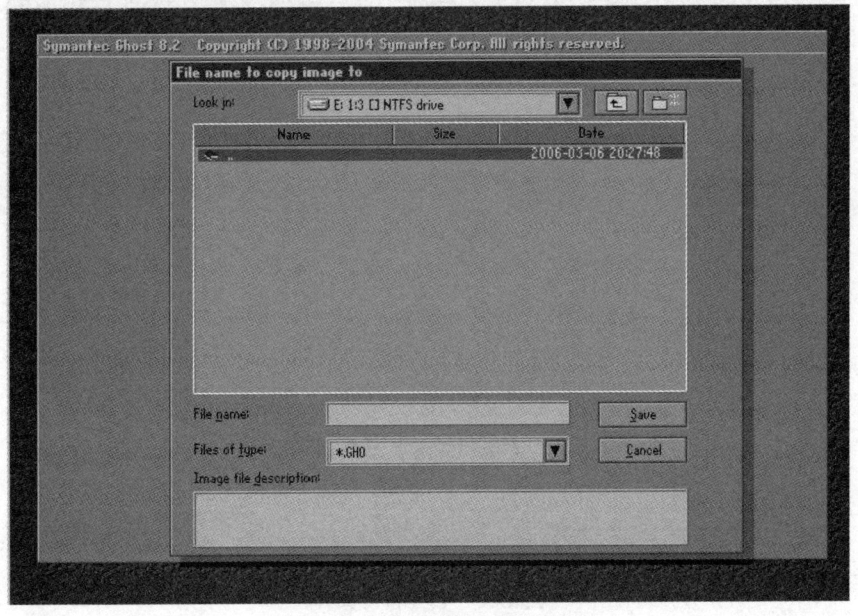

图2.33 镜像文件存储目录

单击“Save”按钮，然后再按“Enter”键，出现“是否压缩镜像文件”对话框，如图2.34所示。一般单击“Fast”按钮即可。

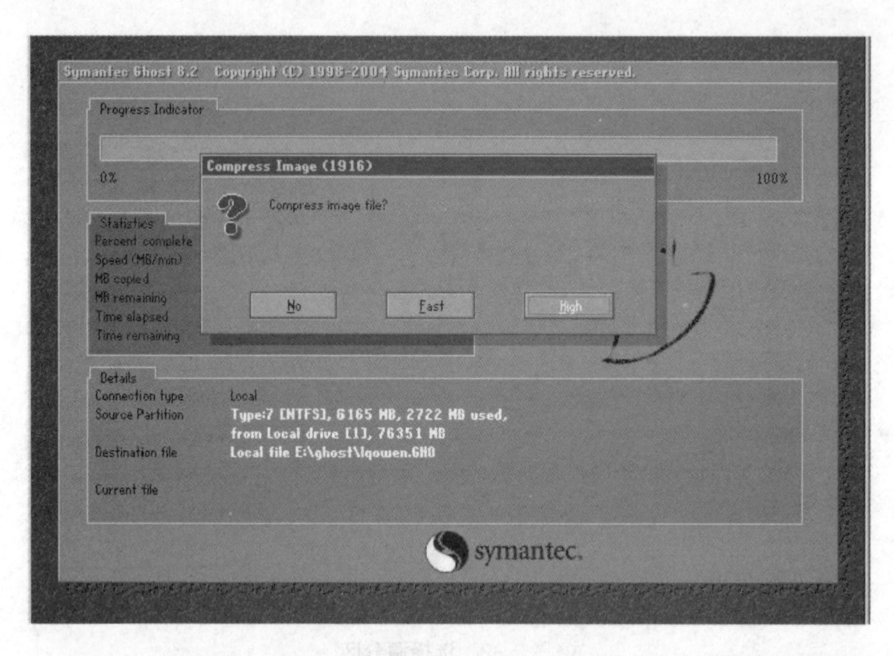

图2.34 “是否压缩镜像文件”对话框

Ghost开始制作镜像文件,如图2.35所示。

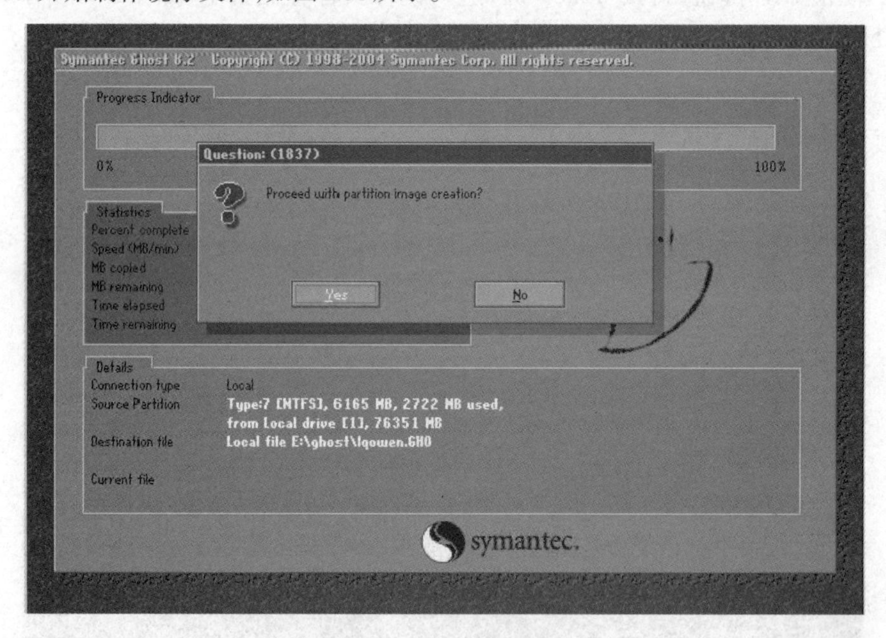

图2.35 创建镜像文件

建立镜像文件成功后,会出现提示创建成功窗口。

四、技能拓展

1. Windows 7操作系统的还原

如果用户先前对Windows系统分区作了Ghost备份,那么以后在系统出现故障需要重装时,就可以利用已备份的镜像文件来恢复系统。

Windows 7还原过程如下:

(1) 把计算机设为光驱启动,使用带有Ghost程序的系统启动光盘引导并启动Ghost程序,在Ghost主界面依次执行“Local”“Partition”“From Image”命令,如图2.36所示。

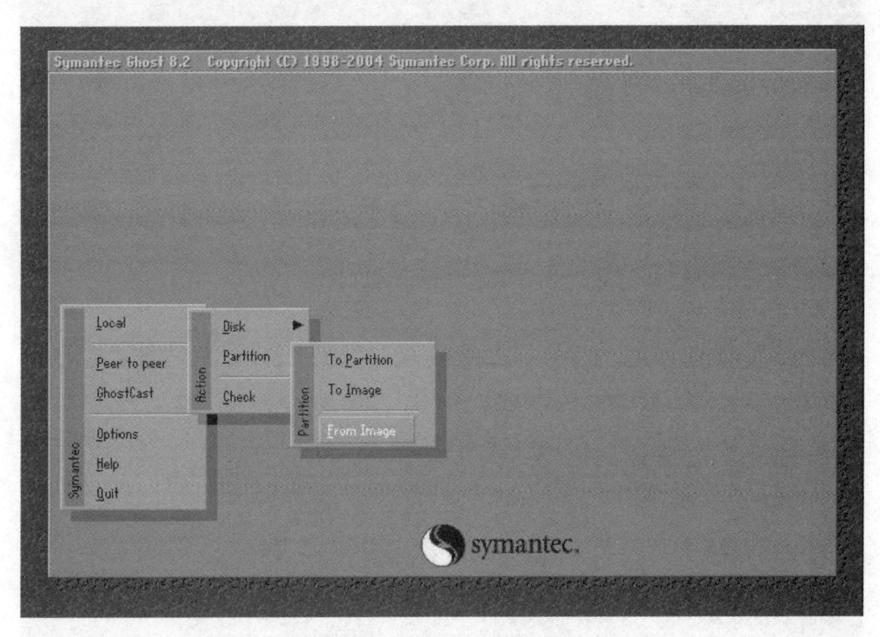

图2.36 “From Image”命令

(2) 选择镜像文件的存放位置,并选中要还原的镜像文件,然后单击“Open”按钮,如图2.37所示。

(3) 从镜像文件中选择源分区,然后选择恢复到的目标硬盘,之后选择需要恢复到的目标分区,这里选择“Primary(主DOS分区)”,然后单击“OK”按钮,如图2.38所示。

(4) 弹出一个确认对话框,询问是否继续,确认无误后将光标移到“Yes”选项并按“Enter”键,程序开始恢复分区,如图2.39所示。

(5) 恢复完毕后程序会提示用户重新启动计算机以使设置生效,选择“Reset Computer”按钮并按“Enter”键,重新启动计算机即可,如图2.40所示。

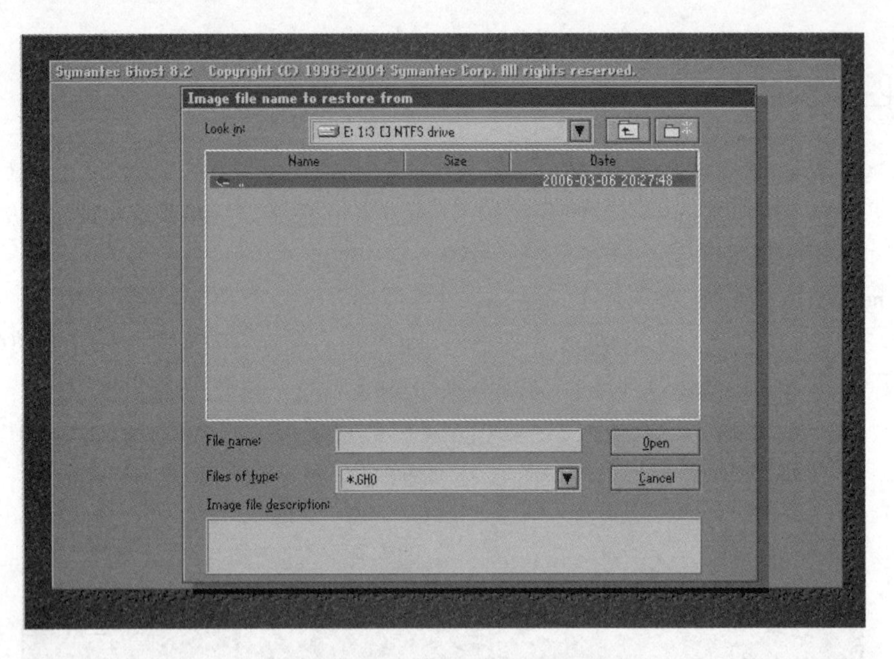

图2.37　选择镜像文件

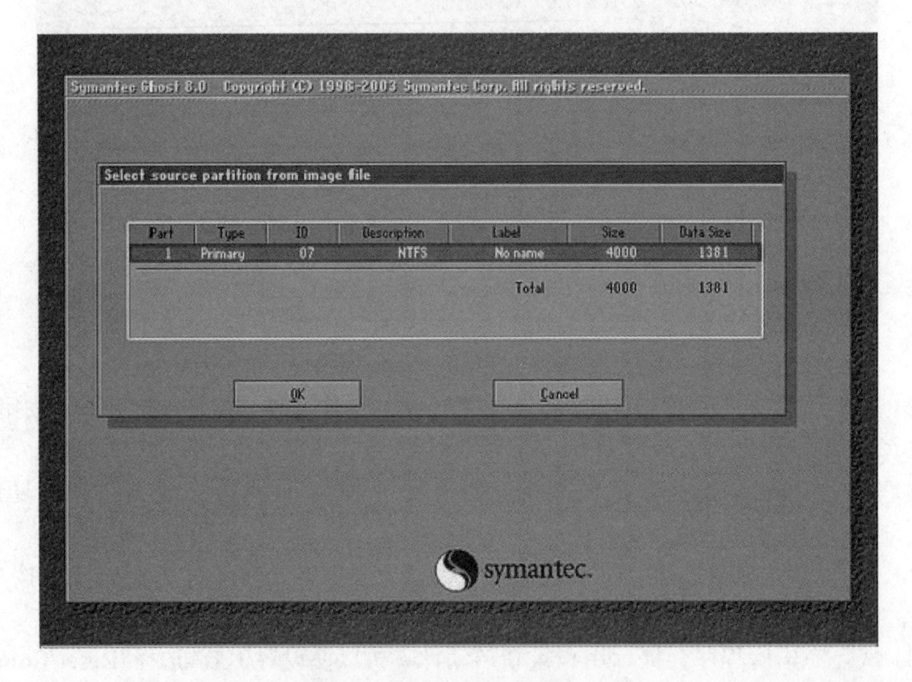

图2.38　选择目标分区“Primary”

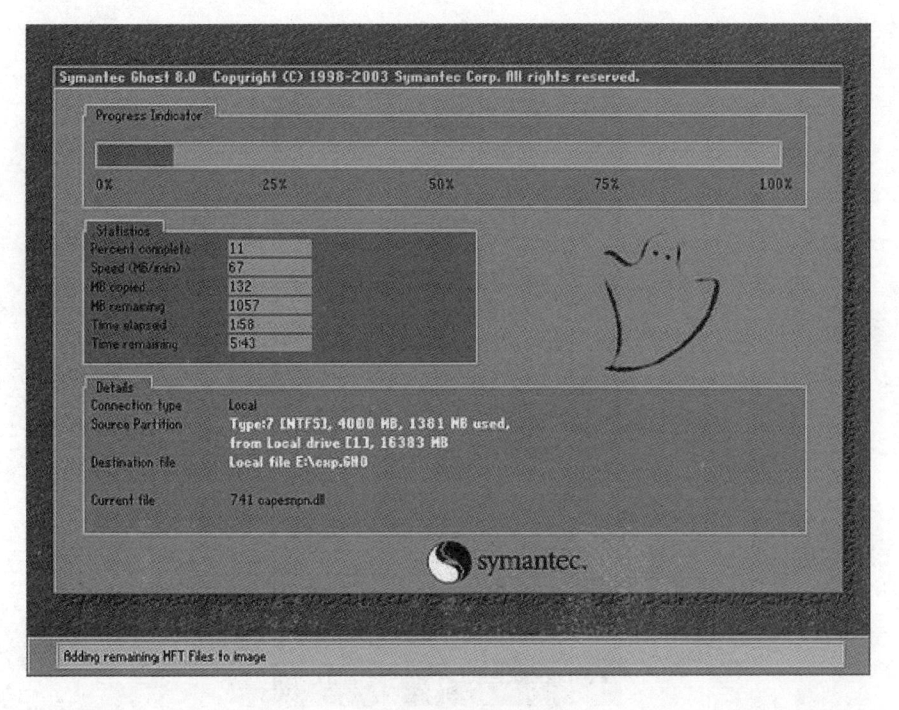

图2.39　恢复分区

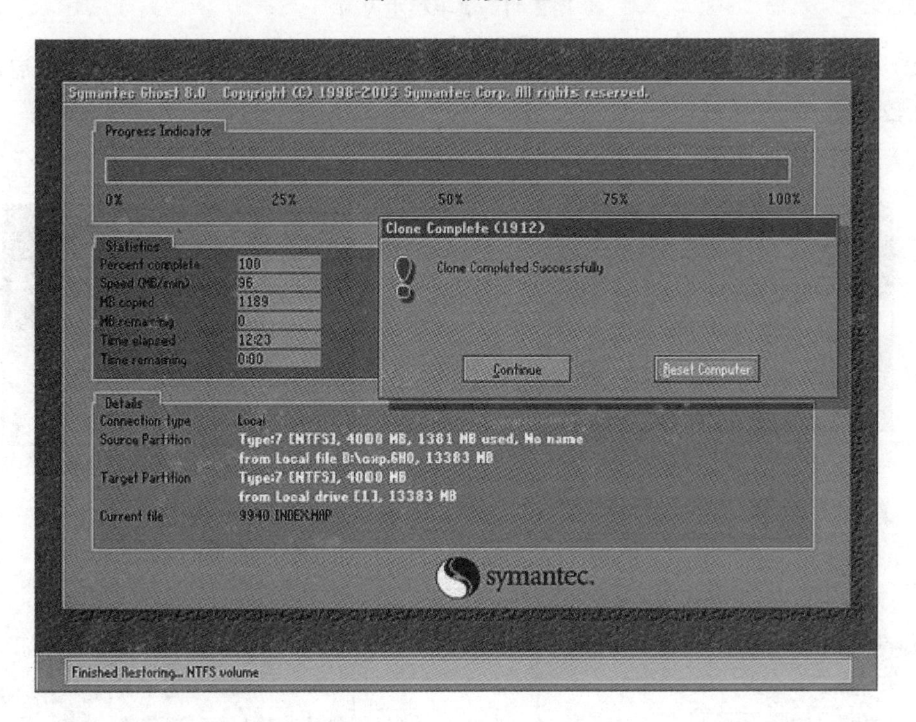

图2.40　重启计算机

2. 利用老毛桃软件制作U盘启动盘

(1) 双击老毛桃软件,如图2.41所示。

图2.41　老毛桃主界面

(2) 插入U盘，在“请选择U盘”项目内选择你的U盘，点击“一键制作成USB启动盘”，如图2.42所示。

(3) 点击“确认”按钮，弹出如图2.43所示界面。

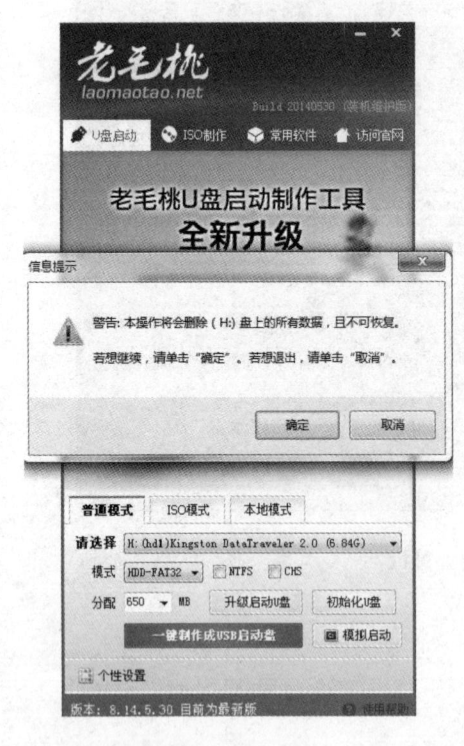

图2.42　选择U盘

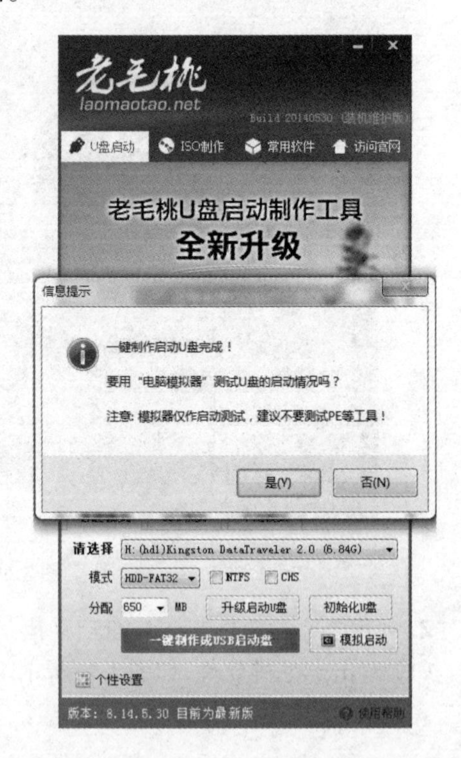

图2.43　U盘启动盘制作

实训三　管理计算机数据(文件和文件夹操作)

一、实训目的

(1) 熟练掌握资源管理器管理文件和文件夹。

(2) 掌握文件和文件夹基本操作。

二、实训内容

(1) 资源管理器的基本操作。

(2) 文件、文件夹的操作。

三、实训步骤

操作1　资源管理器的基本操作

1. 启动资源管理器方法

(1) 单击“开始”菜单按钮里的“Windows资源管理器”命令。

(2) 单击“开始”菜单按钮里的“所有程序”选项,然后再选择它下面的“附件”选项下的“Windows资源管理器”命令。

(3) 单击任务栏中的“Windows资源管理器”按钮。

2. 更改文件在窗口中的显示方式

(1) 单击“查看”菜单,选择显示方式。

(2) 单击工具栏中“视图”按钮的左侧。

3. 设置文件夹选项

(1) 在工具栏中,单击“组织”按钮,选择“文件夹和搜索选项”。

(2) 在“文件夹选项”对话框中单击“查看”选项卡,选择“隐藏已知文件类型的扩展名”复选框,单击“应用”按钮后再单击“确定”按钮。

(3) 资源管理器右窗格中所有文件的扩展名被隐藏。进行同样的操作,再将所有文件的扩展名显示出来。

操作2　文件和文件夹的管理

(1) 在D盘根目录上创建一个名为“上机实验”的文件夹,在“上机实验”文件夹中创建一个名为“操作系统上机实验”的空白文件夹和两个分别名为“2.xlsx”和“3.pptx”的空白文件,在“操作系统上机实验”文件夹中创建一个名为“1.docx”的空白文件。

(2) 将“1.docx”文件改名为“介绍信.docx”;将“上机实验”文件夹改名为“作业”。

(3) 在“作业”文件夹中分别尝试选择一个文件、同时选择两个文件、一次同时选择所有文件和文件夹。

(4) 将“介绍信.docx”文件复制到C盘根目录。

(5) 将D盘根目录中的“作业”文件夹移动到C盘根目录。

(6) 将“作业”文件夹中的“2.xlsx”文件删除,放入“回收站”。

(7) 还原被删除的“2.xlsx”文件到原位置。

四、技能拓展

1. 文件和文件夹的管理

(1) 选取文件或文件夹

① 单个:单击;

② 连续多个:“Shift”+单击;

③ 不连续多个:“Ctrl”+单击;

④ 选择全部对象:“Ctrl”+“A”;

⑤ 矩形选定法:在右窗格中按住鼠标左键不放。

(2) 撤销选择

① 全部撤销:单击其他地方;

② 撤销一个:按住“Ctrl”+单击要撤销的文件。

(3) 新建文件或文件夹

① 单击工具栏上的“新建文件夹”命令;

② 右窗格空白处单击右键,在快捷菜单的“新建”命令中选择需要新建类型的文件;

③ 单击“文件”菜单,在快捷菜单的“新建”命令中选择需要新建类型的文件。

(4) 重命名文件或文件夹

① 右窗格空白处单击右键,在快捷菜单中选择“重命名”命令;

② 单击“文件”菜单,选择“重命名”命令;

③ 两次单击文件名(中间稍作停顿),输入新文件名。

(5) 复制、移动文件或文件夹

右键单击文件或文件夹,在弹出的快捷菜单中选中“复制”命令/“剪切”命令,右键单击目标位置,在快捷菜单中选择“粘贴”命令。

(6) 删除和恢复文件或文件夹

① 右键单击要删除的文件或文件夹,再在弹出的快捷菜单中选择“删除”命令,再在“确认文件删除”对话框中进行选择;

② 单击“文件”菜单,在弹出的快捷菜单中选择“删除”命令;

③ 按键盘上的“Delete”键;

④ 桌面上打开“回收站”,选中对象后单击回收站工具栏上“还原此项目”按钮,将该文件还原到原来位置;

⑤ 打开回收站,单击工具栏上的“清空回收站”按钮,在弹出的“确认文件删除”对话框

中单击“是”,将回收站的内容彻底清空,这样被删除的文件将不能再恢复。

(7) 查找文件和文件夹

① 在“资源管理器”左窗格单击磁盘,在搜索框输入搜索对象,观察搜索结果;

② 通配符的使用:“*”和“?”称为通配符。

(8) 创建快捷方式

在桌面上右键单击空白位置,在弹出的快捷菜单中选择“新建”下的“快捷方式”命令,在弹出“创建快捷方式”对话框中单击“浏览”按钮,找到要建立快捷方式的文件后单机“确定”按钮,然后单击“下一步”按钮,在“键入该快捷方式的名称”对话框中输入名称,最后单击“完成”按钮。

2. 格式化磁盘

(1) 将U盘插入主机箱USB接口。

(2) 在“资源管理器”中选定可移动磁盘(如I:),右击该图标,在弹出的快捷菜单中选取“格式化”命令,弹出“格式化”对话框。

(3) 在“格式化”对话框中选择“快速格式化”后,单击“开始”按钮,系统将按要求对U盘进行格式化操作。

(4) 格式化完毕后单击“关闭”按钮。

提示:格式化会删除磁盘中的所有内容,因此,格式化前一定要确认磁盘上的内容是否真的不再有用。

实训四 配置计算机

一、实训目的

熟练掌握Windows 7系统的个性化设置。

二、实训内容

Windows 7系统的基本设置。

三、实训步骤

1. 更换桌面主题

大多数人使用Windows 7后的第一件事就是选择主题。主题元素中包括桌面图片、窗口颜色、快捷方式图表、工具包等。

操作步骤:在桌面空白处单击右键,在弹出菜单中选择“个性化”选项。系统中预先提供了数十款不同的主题,用户可以挑选其中的任意一款。当然,你也可以新建一个主题,填充图片并设置字体等参数，最后点击“保存”按钮完成操作，如图2.44、图2.45所示。

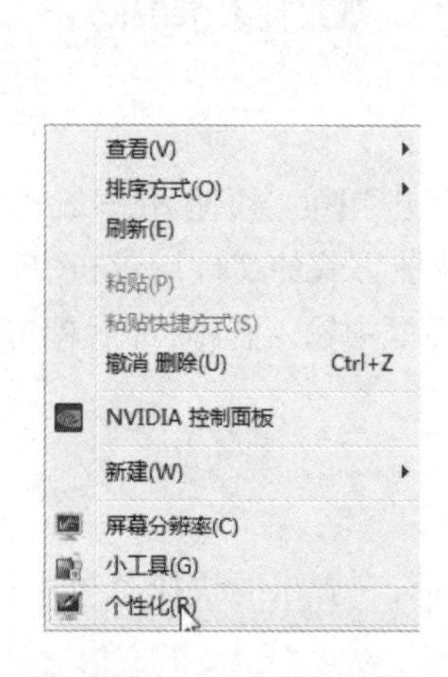

图2.44 打开个性化面板

图2.45 选择默认主题

2. 创建桌面背景幻灯片

Windows 7提供桌面背景变换功能，你可以将某些图片设置为备用桌面，并设定更换时间间隔。这么一来，每过一段时间后，系统会自动呈现出不同的桌面背景。

操作步骤：在桌面空白处单击右键，在弹出菜单中选择“个性化”选项；点击桌面背景；选择图片位置列表；按住“Ctrl”键选择多个图片文件；设定时间参数和图片显示方式；最后单击“保存修改”按钮即可，如图2.46所示。

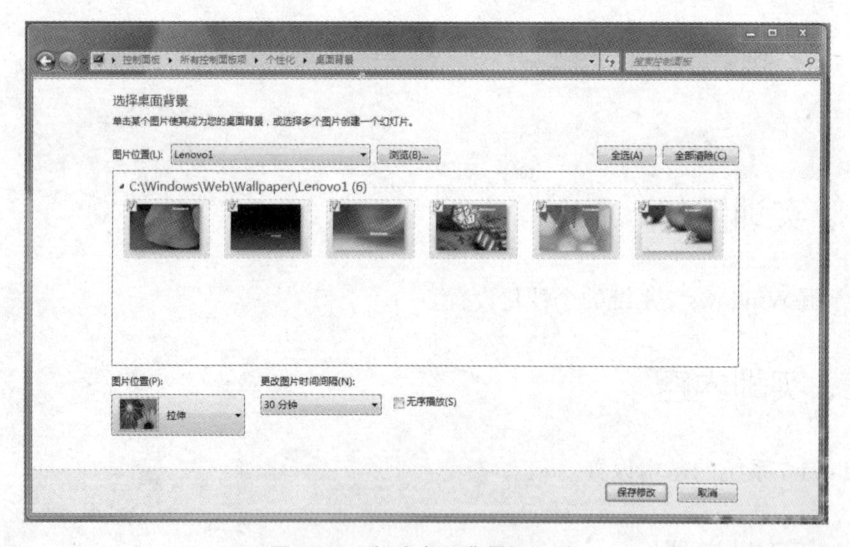

图 2.46 创建桌面背景幻灯片

3. 移动任务栏

任务栏通常默认放置在桌面的底部，如果你愿意，它可以被移动到桌面的任意边角。

操作步骤：右键单击任务栏，选择“属性”，单击“任务栏”选项卡，在下拉列表中选择所需的位置，点击“确定”按钮，如图2.47所示。

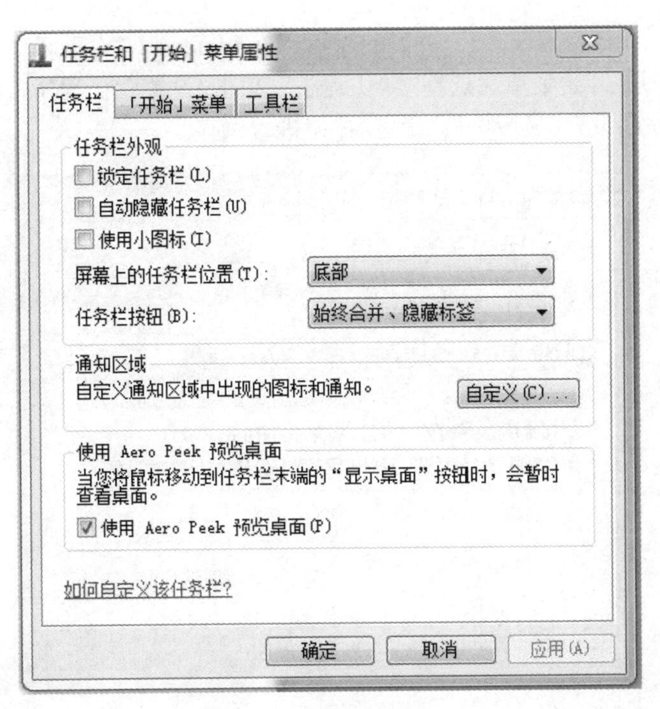

图2.47 “任务栏”选项卡

4. 添加应用程序和文档到任务栏

Windows 7的任务栏与旧版Windows有很大不同，旧版中任务栏只显示正在运行的某些程序，而Windows 7中还可添加更多的应用程序快捷图表，几乎可以把开始菜单中的所有功能移植到任务栏上。

操作步骤：单击“开始”按钮里的“资源管理器”选项，选择常用应用程序，单击右键选择“锁定到任务栏”即可。

5. 自定义开始菜单

开始菜单中默认有“我的文档”“图片”“设置”等按钮。用户可以根据需要，重新排列项目或呈现方式，比如把常用的“控制面板”直接移到上一级菜单中。

操作步骤：右键单击“开始”菜单，选择“属性”，单击“开始菜单”选项下的“自定义”按钮，在弹出对话框中进行设置，点击“确定”按钮即可，如图2.48所示。

6. 设置关机按钮选项

关机按钮中有如下控制电脑状态的选项：关机、待机、睡眠、重启、注销、锁定等。用户可以选择默认的操作选项。

操作步骤：右键单击“开始”按钮，选择“属性”，在“开始菜单”选项的下拉列表中选择“默认系统状态”，单击“确定”保存。

7. 添加桌面小工具

Windows 7用户可以在“小工具”中选择某项功能，然后将其放置在桌面的任意部位。时钟工具显示当前时间，天气工具则会自动报告本地区的天气情况。此外，微软还提供更多的在线支持服务。

操作步骤：右键单击桌面空白处，选择“小工具”(或“工具包”)，双击某个工具即可完成添加。

8. 改变Windows 7默认程序

对浏览器和视频播放器要求较高的用户，可以在Windows 7中重新定义默认程序。

操作步骤：打开“开始菜单”，选择“默认程序”，单击“设置默认程序”，进入后，在下拉列表中进行相关程序的设置，最后单击“确定”按钮进行保存。

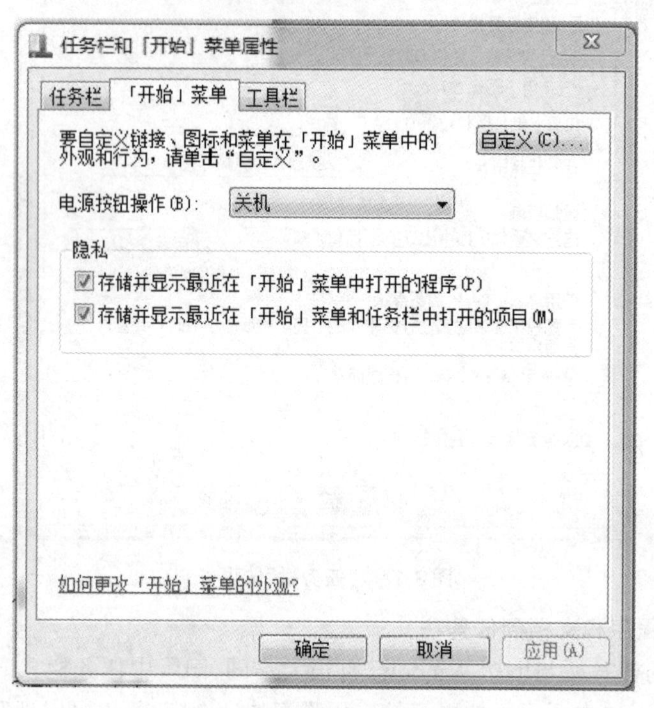

图2.48 “开始菜单”选项卡

四、技能拓展

1. 清除自动加载程序

Windows首次运行后会自动加载一些程序和进程，其中有部分是可以屏蔽掉的。这样做的目的是减少系统不必要的负载，提高运行速度。

微软已经意识到这个问题，并发布了名为“Autoruns”的清理工具。用户使用后可以根据提示清除无用的进程，让系统轻装上阵。举例来说，驱动列表显示出所有已经运行的驱动程序，其中部分驱动是多余的，用户点击查看后可以直接将其清除掉。

2. 移除多余的系统组件

“Antoruns”能清除掉无用的加载进程，但还有其他方法可以释放系统内存，比如关闭无用的Windows功能。

操作步骤：进入“控制面板”，选择“添加删除程序”，在系统组件中查看信息禁用部分功能，即使删除后仍可通过同样的方式恢复。

项目三　制作办公文档

实训一　Word的基本操作

一、实训目的

(1) 掌握Word文档的创建、编辑与保存操作。
(2) 掌握字体格式设置方法。
(3) 掌握段落格式设置。

二、实训内容

制作如图3.1所示的文章节选。

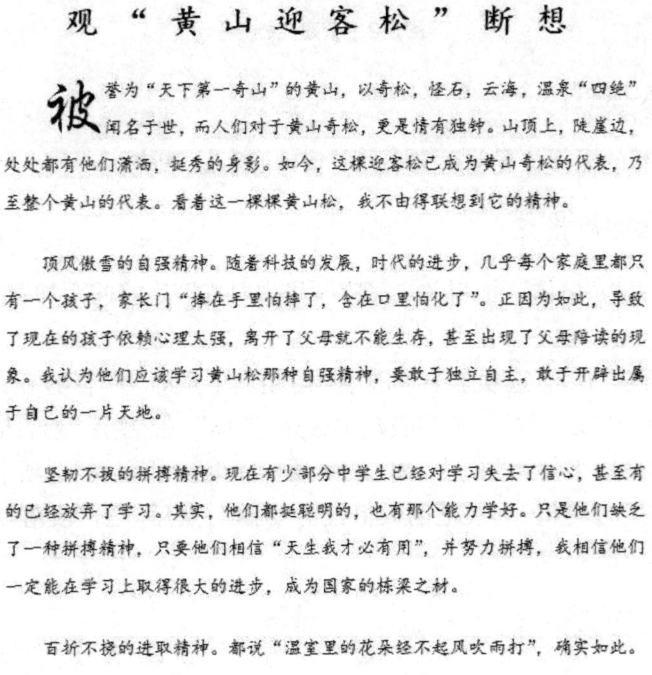

观“黄山迎客松”断想

被誉为“天下第一奇山”的黄山，以奇松，怪石，云海，温泉“四绝”闻名于世，而人们对于黄山奇松，更是情有独钟。山顶上，陡崖边，处处都有他们潇洒，挺秀的身影。如今，这棵迎客松已成为黄山奇松的代表，乃至整个黄山的代表。看着这一棵棵黄山松，我不由得联想到它的精神。

顶风傲雪的自强精神。随着科技的发展，时代的进步，几乎每个家庭里都只有一个孩子，家长门“捧在手里怕摔了，含在口里怕化了”。正因为如此，导致了现在的孩子依赖心理太强，离开了父母就不能生存，甚至出现了父母陪读的现象。我认为他们应该学习黄山松那种自强精神，要敢于独立自主，敢于开辟出属于自己的一片天地。

坚韧不拔的拼搏精神。现在有少部分中学生已经对学习失去了信心，甚至有的已经放弃了学习。其实，他们都挺聪明的，也有那个能力学好。只是他们缺乏了一种拼搏精神，只要他们相信“天生我才必有用”，并努力拼搏，我相信他们一定能在学习上取得很大的进步，成为国家的栋梁之材。

百折不挠的进取精神。都说“温室里的花朵经不起风吹雨打”，确实如此。

图3.1　文章节选

(1) 文档的创建与保存。

(2) 字体格式设置。

(3) 段落格式设置。

(4) 首字下沉。

三、实训步骤

操作1　新建Word文档

首先启动Word,选择“文件”→“新建”命令,在右侧窗口中选择“空白文档”,如图3.2所示,就可以新建一个空白文档。

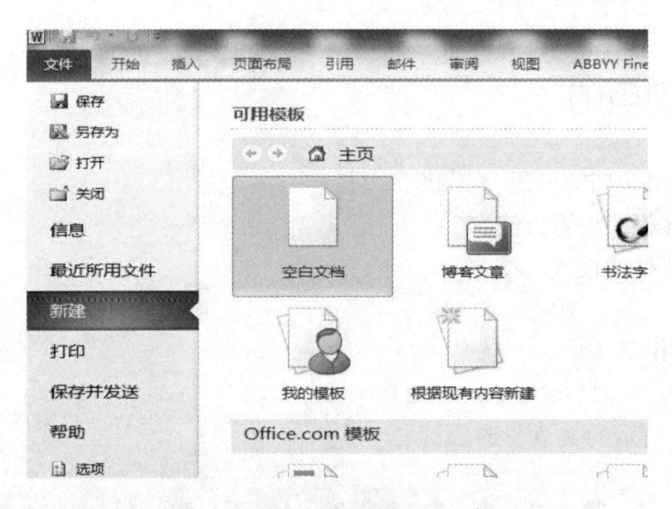

图3.2　新建文档

操作2　输入标题

在空白文档首行的光标位置输入文字:观“黄山迎客松”断想。

操作3　设置标题格式

将标题格式设置为“楷体”“加粗”“二号字”“居中对齐”“字符间距加宽5磅”。具体操作如下:

选中标题文字,在“开始”选项卡中单击“字体”组右下角的“字体”按钮,打开“字体”对话框,如图3.3所示,在“中文字体”下拉列表框中选择“楷体”,在“字形”列表框中选择“加粗”,在“字号”列表框中设置字号为“二号”;如图3.4所示,切换到“高级”选项卡,在“间距”下拉列表框中选择“加宽”,“磅值”列表框的数值设为“5磅”;然后单击“段落”组中的“居中”按钮,使标题居中。

操作4　输入文章内容

输入图3.1中的文章正文内容,字体格式设置为“楷体”“小四号字”。

图3.3　字体设置

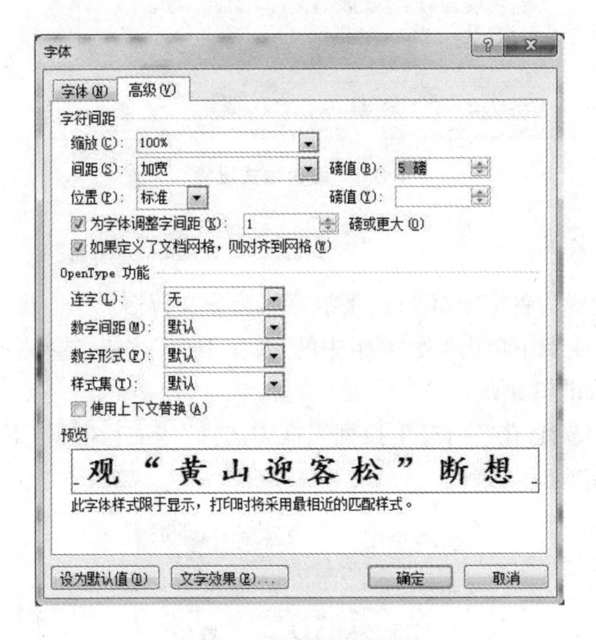

图3.4　字符间距设置

操作5　设置段落格式

如图3.5所示，将文章所有段落设置为首行缩进2个字符，段前间距1行、段后间距0.5行、1.5倍行距。

(1) 利用鼠标拖放，选中文章所有段落。

(2) 在“开始”选项卡中单击“段落”组右下角的“段落”按钮，打开“段落”对话框。

(3) 在“特殊格式”下拉列表框中，选中“首行缩进”，将“磅值”列表框的数值设为“2字符”。

(4) 设置段前间距为1行，段后间距为0.5行。

(5) 在“行距”下拉列表框中，选择“1.5倍行距”。

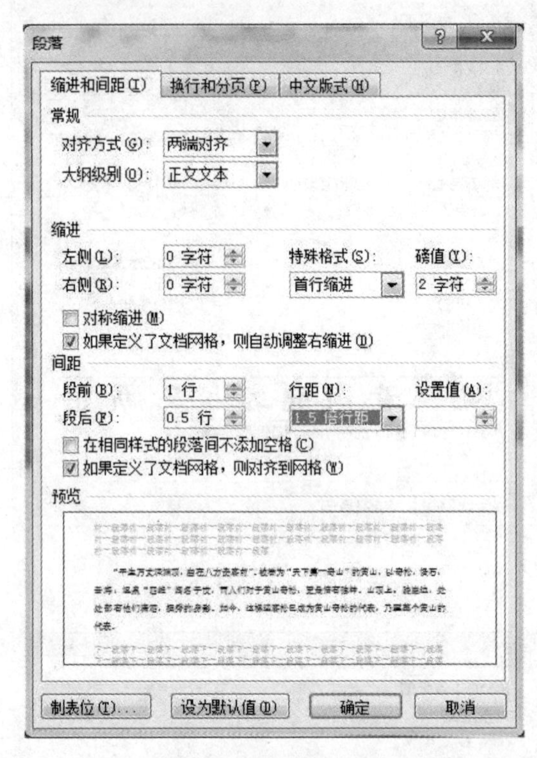

图3.5　段落格式设置

操作6　首字下沉

将正文第一段设置为首字下沉2行，下沉字体为华文行楷。

(1) 在“插入”选项卡中单击“文本”组中的“首字下沉”按钮，选择“首字下沉”选项，打开“首字下沉”对话框，如图3.6所示。

(2) 单击“下沉”选项，在“字体”下拉列表框中选择“华文行楷”，“下沉行数”列表框的数值设为“2”，最后单击“确定”按钮。

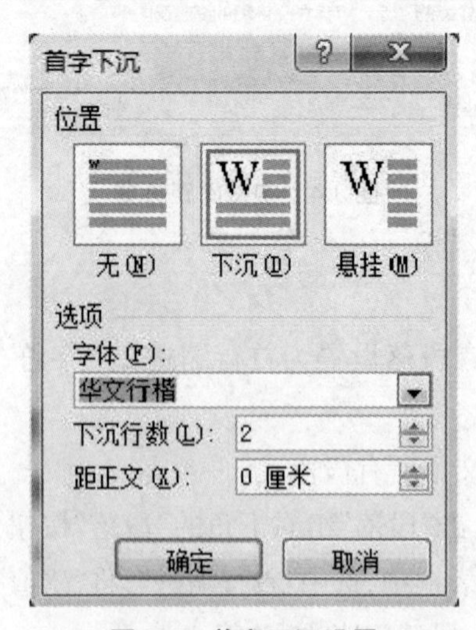

图3.6　首字下沉设置

四、技能拓展

格式刷(如图3.7所示)可以减少大量重复的格式设置工作,完成格式的复制功能。如果想要把A的格式复制到B上,只要如下简单的3步就可以完成。

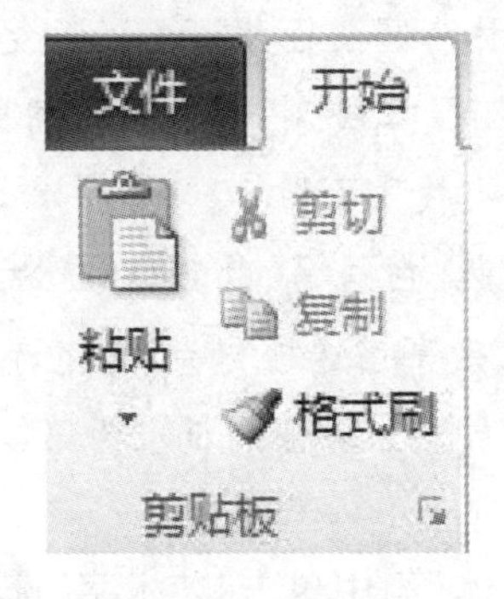

图3.7　格式刷

(1) 选中A。

(2) 单击“开始”选项卡中的“格式刷”按钮,此时光标会变成“小刷子”的形状。

(3) 用“小刷子”光标刷B。

实训二　Word图文混排

一、实训目的

(1) 掌握Word中图形的插入及设置对象格式。

(2) 掌握Word文档中的图文混排方法。

(3) 掌握艺术字的使用。

(4) 掌握文本框的使用。

(5) 掌握利用绘图工具栏绘制简单图形。

二、实训内容

(1) 插入与编辑图片。

(2) 图文混排。

(3) 插入和编辑艺术字。

(4) 在Word文档中插入和使用文本框。

(5) 绘制简单图形。

三、实训步骤

1. 在新建Word文档中输入以下文字

安徽敬亭山国家森林公园，位于宣州城北5公里的水阳江畔。属黄山支脉，东西绵亘百余里，属亚热带湿润季风气候，森林公园总面积20.09平方公里，景区总面积15.30平方公里，由“双塔景区、独坐楼景区、一峰景区、宛陵湖景区、白马湖景区”等五大景区二十几处景点组成。大小山峰60座，主峰名一峰，海拔317米。

敬亭山自古诗人地，李白、谢朓、白居易、欧阳修、苏轼等300多名历代文人雅士留下了数以千计的动人篇章和珍贵墨迹，敬亭山遂被称为“江南诗山”。

1996年8月，敬亭山森林公园被国家林业局批准为第一批国家级森林公园。

2. 插入艺术字标题

(1) 在“插入”选项卡下的“文本”组中单击“艺术字”选项，弹出“艺术字库”对话框，选择所需样式，如图3.8所示。

(2) 在“编辑艺术字文字”对话框中输入文字“安徽敬亭山国家森林公园”，并设置字体为宋体、字号小初，加粗，如图3.9所示。

(3) 单击选择该艺术字标题后，设置艺术字文本效果，如图3.10所示。

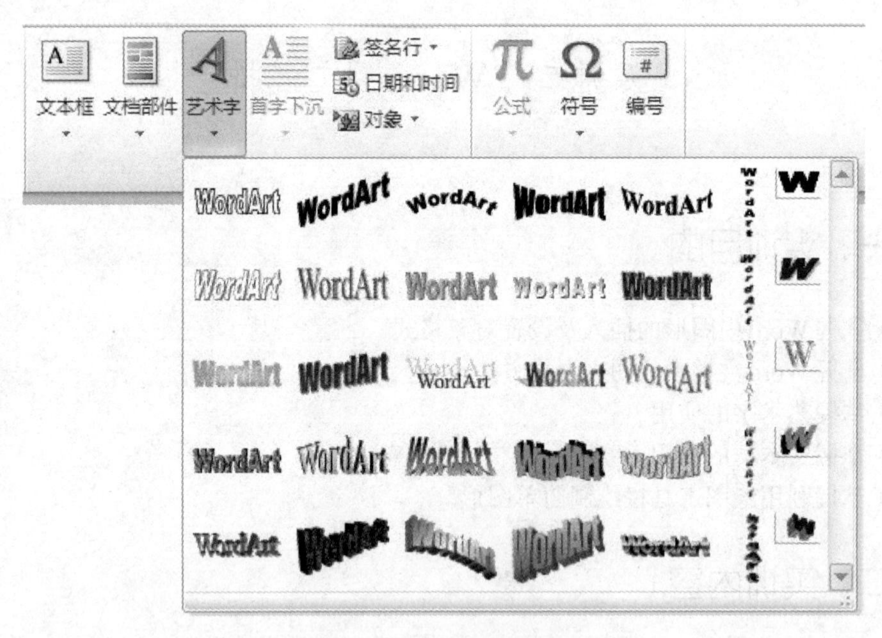

图3.8 “艺术字”选项卡

安徽敬亭山国家森林公园

图3.9 插入艺术字

安徽敬亭山国家森林公园

图3.10　艺术字文本效果

3. 插入剪贴画

(1) 将插入点定位于第一段开始，执行“插入”→“插图”组下“剪贴画”命令，在“剪贴画”任务窗格中选择图片。

(2) 单击该剪贴画，在“图片工具”菜单下的“格式”选项中单击“大小”组右下角“大小”按钮，在弹出的对话框中勾选“锁定纵横比”，将“高度”与“宽度”均设置为“50%”。

(3) 在“版式”选项卡中将环绕方式改为“紧密型”。

(4) 单击“确定”按钮，返回Word文档，效果如图3.11所示。

4. 插入自选图形

单击“插入”工具栏，在“插图”选项组中单击“形状”按钮(如图3.12所示)，从“标注”中选择“椭圆形标注”项。鼠标指针变成十字形状，拖动画出椭圆形标注，如图3.13所示。

在标注内输入“国家级森林公园”，设置字体大小及字体，并通过“绘图”工具栏上的“艺术字”按钮设置文字艺术字样式，调整为“紧密型”，将其移至合适位置，如图3.14所示，最终效果如图3.15所示。

安徽敬亭山国家森林公园，位于宣州城北5公里的水阳江畔。属黄山支脉，东西绵亘百余里，属亚热带湿润季风气候，森林公园总面积20.09平方公里，景区总面积15.30平方公里，由“双塔景区、独坐楼景区、一峰景区、宛陵湖景区、白马湖景区”等五大景区二十几处景点组成。大小山峰60座，主峰名一峰，海拔317米。↵

敬亭山自古诗人地，李白、谢朓、白居易、欧阳修、苏轼等300多名历代文人雅士留下了数以千计的动人篇章和珍贵墨迹，敬亭山遂被称为“江南诗山”。↵

1996年8月敬亭山森林公园被国家林业局批准为第一批国家级森林公园。↵

图3.11　效果图

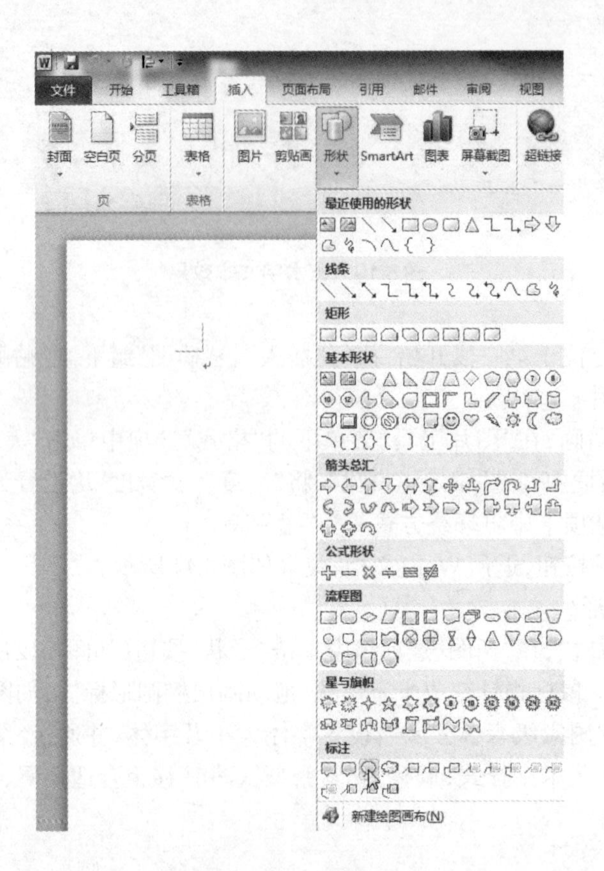

图3.12 “形状”菜单

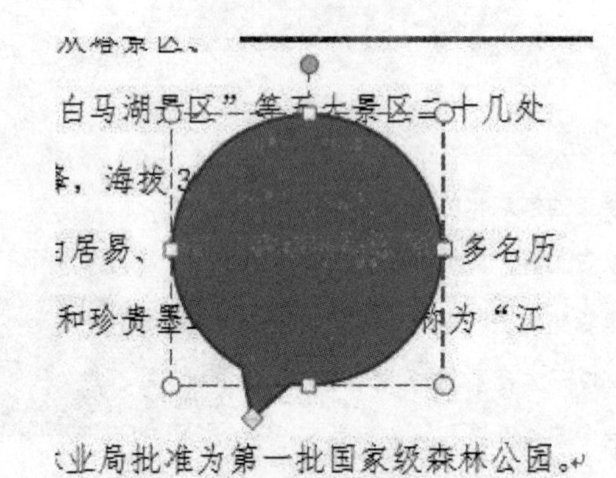

图3.13 效果图

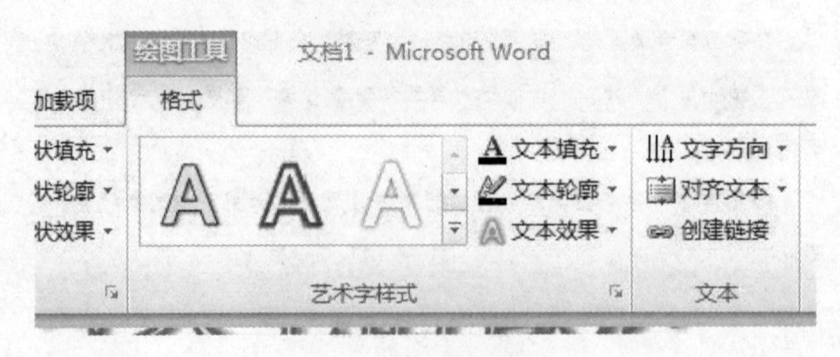

图3.14 “绘图工具”栏

安徽敬亭山国家森林公园

安徽敬亭山国家森林公园，位于宣州城北5公里的水阳江畔。属黄山支脉，东西绵亘百余里，属亚热带湿润季风气候，森林公园总面积20.09平方公里，景区总面积15.30平方公里，由“双塔景区、独坐楼景区、一峰景区、宛陵湖景区、白马湖景区”等五大景区二十几处景点组成。大小山峰60座，主峰名一峰，海拔317米。

敬亭山自古诗人地，李白、谢朓、白居易、欧阳修、苏轼等300多名历代文人雅士留下了数以千计的动人篇章和珍贵墨迹，敬亭山遂被称为“江南诗山”。

国家级森林公园

1996年8月敬亭山森林公园被国家林业局批准为第一批国家级森林公园。

图3.15 效果图

四、技能拓展

在上述排版的基础上，学习分栏格式排版，效果如图3.16所示。

安徽敬亭山国家森林公园，位于宣州城北5公里的水阳江畔。属黄山支脉，东西绵亘百余里，属亚热带湿润季风气候，森林公园总面积20.09平方公里，景区总面积15.30平方公里，由“双塔景区、独坐楼景区、一峰景区、宛陵湖景区、白马湖景区”等五大景区二十几处景点组成。大小山峰60座，主峰名一峰，海拔317米。

敬亭山自古诗人地，李白、谢朓、白居易、欧阳修、苏轼等300多名历代文人雅士留下了数以千计的动人篇章和珍贵墨迹，敬亭山遂被称为“江南诗山”。

1996年8月敬亭山森林公园被国家林业局批准为第一批国家级森林公园。

国家级森林公园

图3.16 效果图

实训三　制作学生成绩表

一、实训目的

(1) 掌握表格制作方法。
(2) 掌握表格格式设置方法。
(3) 掌握公式使用方法。

二、实训内容

制作如图3.17所示的学生期末成绩表。

本实训所涉及步骤如下：

学生期末成绩表

班级：14 计算机多媒体　　　　2016 年 1 月 18 日

科目 成绩	广告设计	摄影基础	网络基础	网页制作	总分
曹阳	75	70	86	70	301
陈远	89	85	77	80	331
程红	70	80	89	92	331
安承溪	85	88	67	77	317
王明	65	75	80	68	288
蔡成刚	90	85	86	88	349
平均分	79	80.5	80.83	79.17	319.5

图3.17　学生期末成绩表

(1) 表格制作。
(2) 表格格式设置。
(3) 公式计算。
(4) 表格和文字转换。

三、实训步骤

操作1　标题格式设置

输入标题文字“学生期末成绩表”，将格式设置为“华文隶书”“小一”“加粗”“居中对齐”。

操作2　插入日期

(1) 输入文字“班级:14计算机多媒体”,再选择“插入”选项卡“文本”组中的“日期和时间”命令,打开“日期和时间”对话框。

(2) 如图3.18所示,在“语言”下拉列表框中选择“中文(中国)”,在“可用格式”中选择“XXXX年X月X日”日期格式。

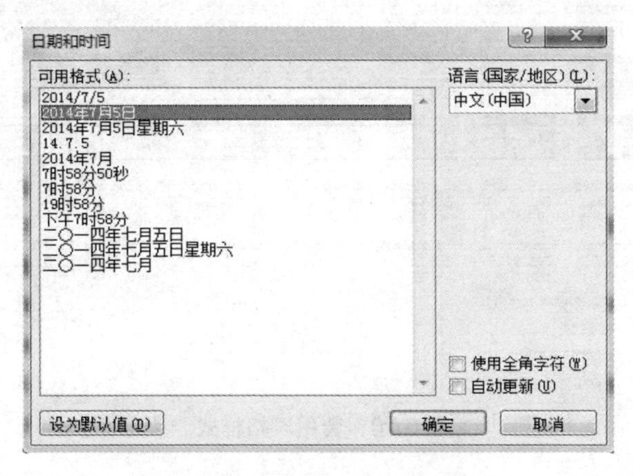

图3.18　“日期和时间”对话框

(3) 设置“班级”和“日期”所在段落的“段后间距”为“0.5行”。

操作3　插入表格

(1) 在“插入”选项卡中单击“表格”组中的“表格”按钮,再选择“插入表格”命令,打开“插入表格”对话框。

(2) 如图3.19所示,设置“列数”为“6”,设置“行数”为“8”,单击“确定”按钮,插入表格。

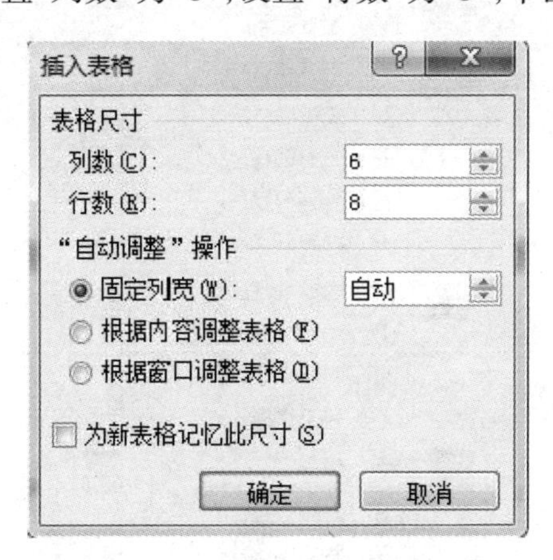

图3.19　“插入表格”对话框

操作4　套用表格样式

选中表格,选择“设计”选项卡“表格样式”组右侧的下拉箭头,在“内置”样式中选择“浅色网格”样式(第3行的第1个),如图3.20所示。

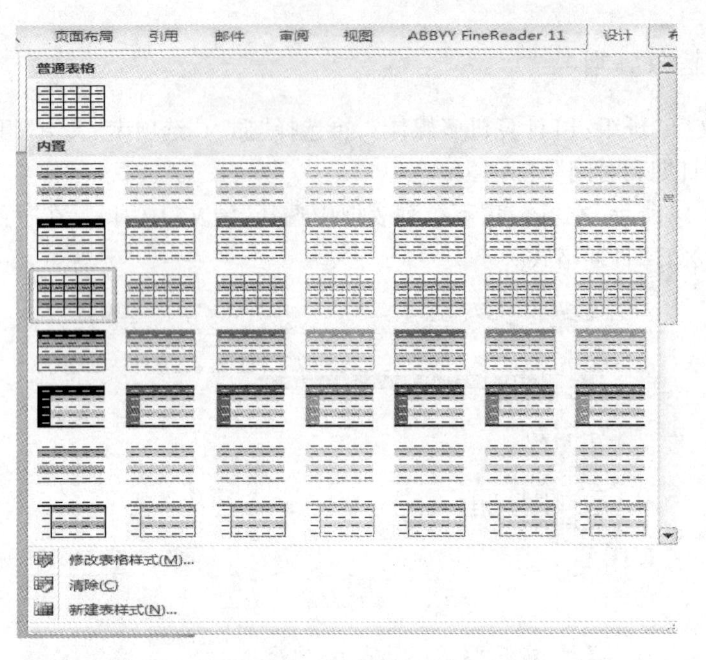

图3.20　套用表格样式

操作5　绘制斜线表头

(1) 将光标定位到需要添加斜线表头的单元格内,这里定位到首行第一个单元格中。选择“开始”选项卡,在“段落”选项组中选择“框线”下拉列表中的“斜下框线”命令,如图3.21所示。

图3.21　绘制斜线表头

(2) 在表头中利用“绘制文本框”命令的方法分别输入行标题“科目”和列标题“姓名”,适当调整文本框位置,同时将文本框边框线条的颜色设置成“无颜色”。

(3) 在表格中填入学生的姓名以及各科目的成绩，最终效果如图3.22所示。

学生期末成绩表

班级：14 计算机多媒体　　　　2016 年 1 月 18 日

科目 成绩	广告设计	摄影基础	网络基础	网页制作	总分
曹阳	75	70	86	70	
陈远	89	85	77	80	
程红	70	80	89	92	
安承溪	85	88	67	77	
王明	65	75	80	68	
禁成刚	90	85	86	88	
平均分					

图3.22　学生成绩表

操作6　公式计算

(1) 将光标定位在B8单元格，选择“布局”选项卡“数据”组中的“公式”命令，打开“公式”对话框。

(2) 如图3.23所示，在“公式”文本框中输入“=AVERAGE(ABOVE)”，单击“确定”按钮。

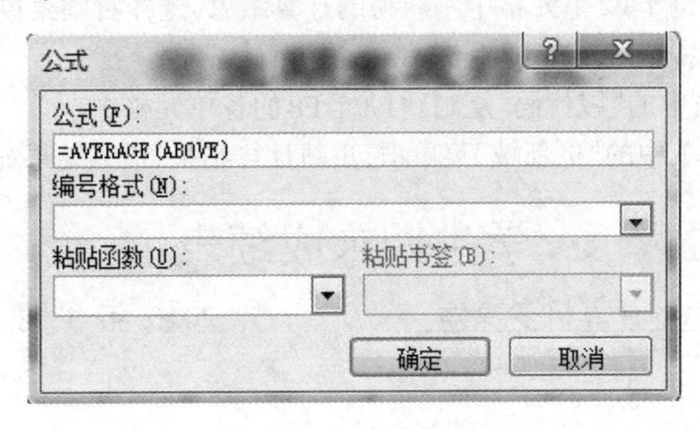

图3.23　“公式”对话框

操作7　公式复制

(1) 将光标选中位于B8单元格中刚获得的计算结果，选择右键菜单“切换域代码”命令，B8单元格内容变成如图3.24所示的代码形式。

(2) 将B8单元格中的“域代码”复制到C8到E8的各单元格中。

(3) 选择右键菜单中的“更新域”菜单项，重新计算结果。

学生期末成绩表

班级：14 计算机多媒体　　　　　2016 年 1 月 18 日

科目 成绩	广告设计	摄影基础	网络基础	网页制作	总分
曹阳	75	70	86	70	
陈远	89	85	77	80	
程红	70	80	89	92	
安承溪	85	88	67	77	
王明	65	75	80	68	
禁成刚	90	85	86	88	
平均分	{ =AVERAGE(ABOVE) }				

图3.24　切换域代码

操作8　计算总分

（1）将光标定位于F2单元格，选择“布局”选项卡“数据”组中的“公式”命令，打开“公式”对话框。

（2）在“公式”文本框中输入“=SUM(LEFT)”，单击“确定”按钮。

（3）将光标选中位于F2单元格中刚获得的计算结果，选择右键菜单“切换域代码”命令，F2单元格内容变成代码形式。

（4）将F2单元格中的“域代码”复制到F3至F8的各单元格中。

（5）选择右键菜单中的“更新域”菜单项，重新计算结果，最终结果如图3.25所示。

学生期末成绩表

班级：14 计算机多媒体　　　　　2016 年 1 月 18 日

科目 成绩	广告设计	摄影基础	网络基础	网页制作	总分
曹阳	75	70	86	70	301
陈远	89	85	77	80	331
程红	70	80	89	92	331
安承溪	85	88	67	77	317
王明	65	75	80	68	288
禁成刚	90	85	86	88	349
平均分	79	80.5	80.83	79.17	319.5

图3.25　成绩表

四、技能拓展

在很多时候，需要把表格转换成文字，这样就可以把表格内容文字保存成“.txt“文件，放到手机、MP4等工具中浏览。具体做法如下：

(1) 选择表格，选择“布局”选项卡“数据”组中的“转换为文本”命令，如图3.26所示，打开“表格转换成文本”对话框。

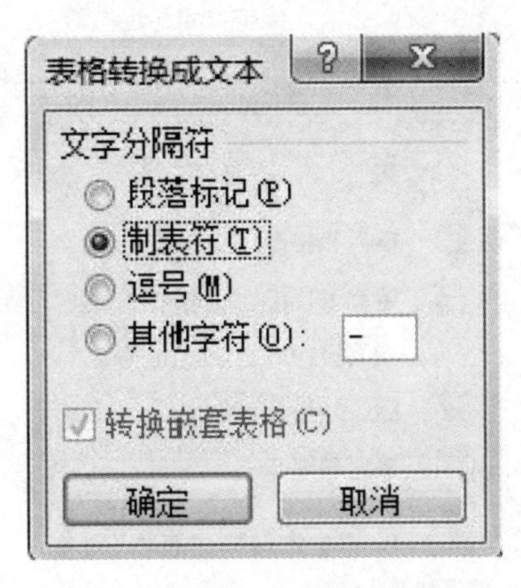

图3.26 “表格转换为文本”对话框

(2) 选中“制表符”单选按钮，单击“确定”按钮，表格将被转换成文字，删除“斜线表头”后，效果如图3.27所示。

学生期末成绩表

班级：14 计算机多媒体　　　　2016 年 1 月 18 日

	广告设计	摄影基础	网络基础	网页制作	总分
曹阳	75	70	86	70	301
陈远	89	85	77	80	331
程红	70	80	89	92	331
安承溪	85	88	67	77	317
王明	65	75	80	68	288
禁成刚	90	85	86	88	349
平均分	79	80.5	80.83	79.17	319.5

图3.27 转换后的文本

(3) 选中表格内容文字，选择“插入”选项卡“表格”组中的“表格”按钮，再选择“文本转换成表格”命令，如图3.28所示，打开“将文字转换成表格”对话框，如图3.29所示，也可将文本转换成表格。

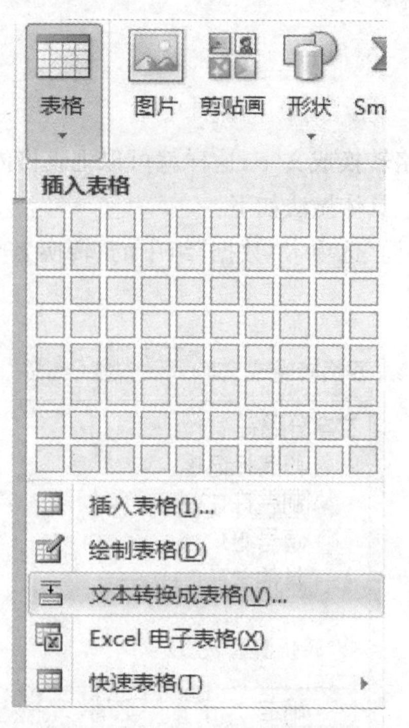

图3.28 “文本转换成表格”命令

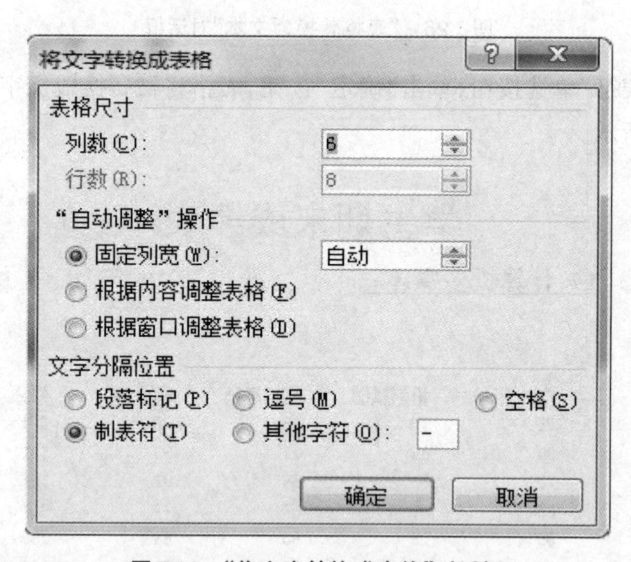

图3.29 “将文字转换成表格”对话框

实训四 邮件合并

一、实训目的

掌握Word 2010的邮件合并技术。

二、实训内容

制作如图3.30所示的批量信函。

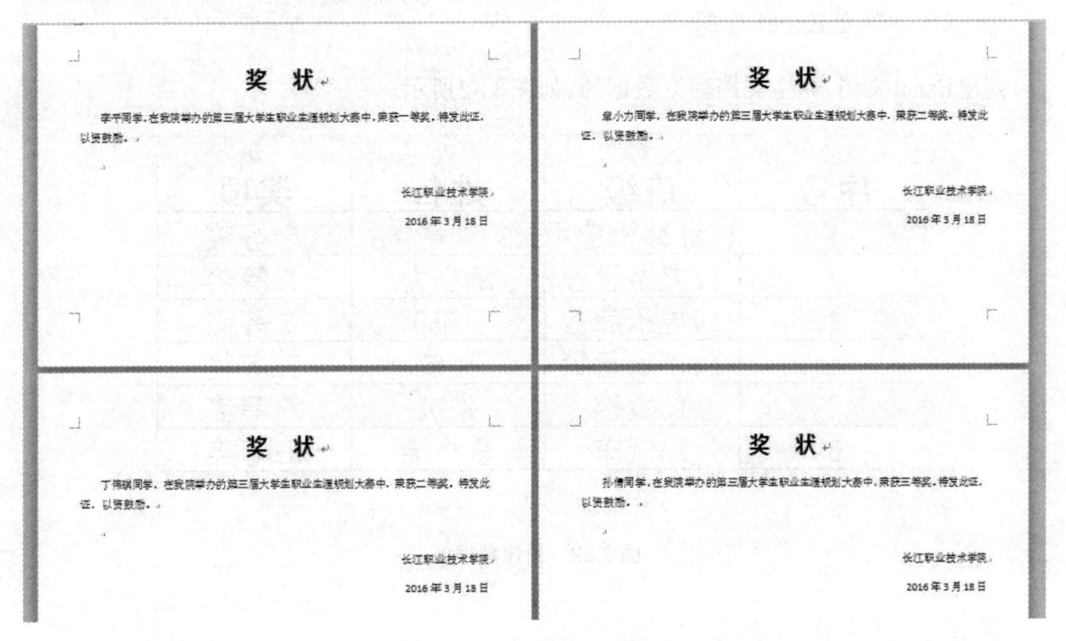

奖 状

李平同学，在我院举办的第三届大学生职业生涯规划大赛中，荣获一等奖，特发此证，以资鼓励。

长江职业技术学院

2016年3月18日

奖 状

章小力同学，在我院举办的第三届大学生职业生涯规划大赛中，荣获二等奖，特发此证，以资鼓励。

长江职业技术学院

2016年3月18日

奖 状

丁伟琪同学，在我院举办的第三届大学生职业生涯规划大赛中，荣获二等奖，特发此证，以资鼓励。

长江职业技术学院

2016年3月18日

奖 状

孙倩同学，在我院举办的第三届大学生职业生涯规划大赛中，荣获三等奖，特发此证，以资鼓励。

长江职业技术学院

2016年3月18日

图3.30 批量生成的新文档

(1) 创建主文档。

(2) 选择数据源。

(3) 邮件合并。

三、实训步骤

操作1 新建主文档

编辑主文档内容并将内容格式按照所需要的效果进行设置，如图3.31所示。其中“学生姓名”和“获得奖项”是从Excel数据源中获得的。

奖 状

同学，在我院举办的第三届大学生职业生涯规划大赛中，荣获。特发此证，以资鼓励。

长江职业技术学院

2016年3月18日

图3.31 新建主文档

操作2 建立Excel数据源

创建Excel文档，为主文档建立数据源，如图3.32所示。

序号	班级	姓名	奖项
1	14计算机应用	李平	一等奖
2	15旅游管理	章小力	二等奖
3	14电子商务	丁伟琪	二等奖
4	14市场营销	孙倩	三等奖
5	15数控	张帆	三等奖
6	15汽车	李小洁	三等奖

图3.32 新建数据源

操作3 开始邮件合并

(1) 在主文档的功能区中，打开“邮件”选项卡。

(2) 在“邮件”选项卡上的“开始邮件合并”选项组中，单击“开始邮件合并”→“邮件合并分步向导”命令。

(3) 打开“邮件合并”任务窗格，如图3.33所示，进入“邮件合并分步向导”的第1步。在“选择文档类型”选项区域中，选择正在使用的文档类型为“信函”。

(4) 单击“下一步：正在启动文档”超链接，进入“邮件合并分步向导”的第2步。在“选择开始文档”选项区域中选中“使用当前文档”单选按钮，以当前文档作为邮件合并的主文档，如图3.34所示。接着单击“下一步：选取收件人”超链接，进入“邮件合并分步向导”的第3步。在“选择收件人”选项区域中选中“使用现有列表”单选按钮，如图3.35所示，然后单击“浏览”超链接。

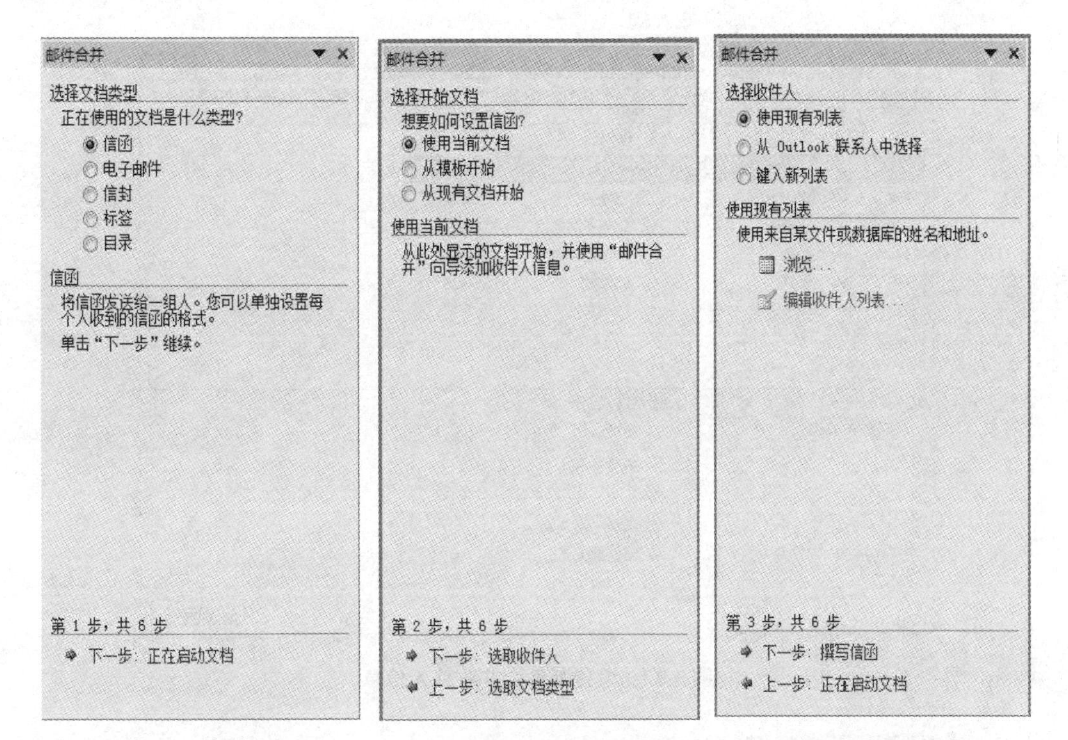

图3.33　选择文档类型　　图3.34　选择开始文档　　图3.35　选择收件人

(5) 打开“选择数据源”对话框,选择包含获奖学生名单的Excel文档,然后单击“打开”按钮。此时打开“选择表格”对话框,选择保存获奖学生名单的工作表名称,如图3.36所示,然后单击“确定”按钮。

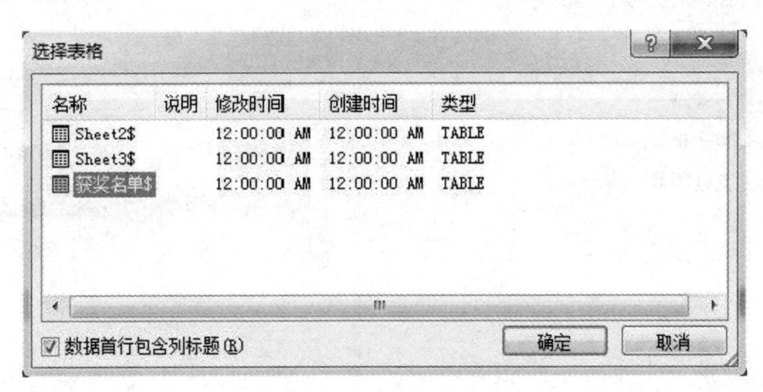

图3.36　选择数据工作表

(6) 打开如图3.37所示的“邮件合并收件人”对话框,可以对需要合并的收件人信息进行修改。然后单击“确定”按钮,完成现有文档的链接工作。

(7) 选择了收件人的列表之后,单击“下一步:撰写信函”超链接,进入“邮件合并分步向导”的第4步,如图3.38所示。单击“其他项目”超链接。

(8) 打开如图3.39所示的“插入合并域”对话框,在“域”列表框中,选择要添加到邮件中的学生姓名和所获奖项所在位置的域,分别选择插入“姓名”域和“奖项”域。

(9) 插入完所需的域后,单击“关闭”按钮,关闭“插入合并域”对话框。文档中相应位置就会出现已插入的域标记,如图3.40所示。

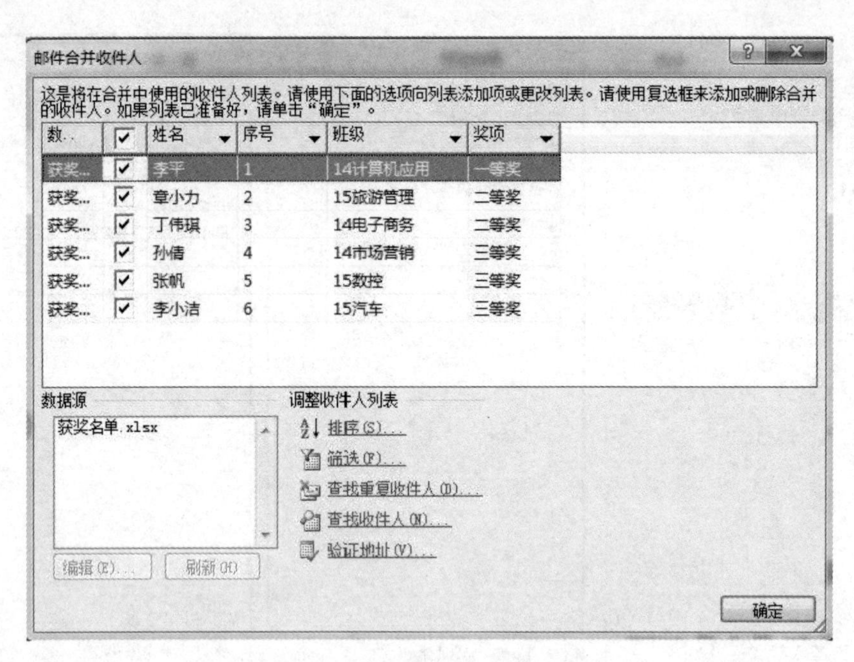

图3.37　设置邮件合并收件人信息

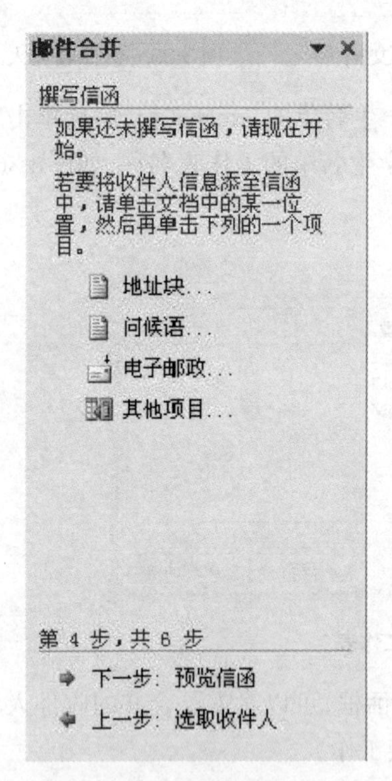

图3.38　撰写信函

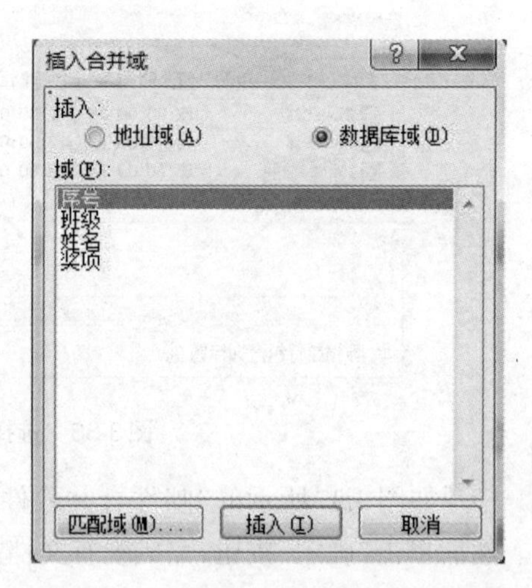

图3.39 插入合并域

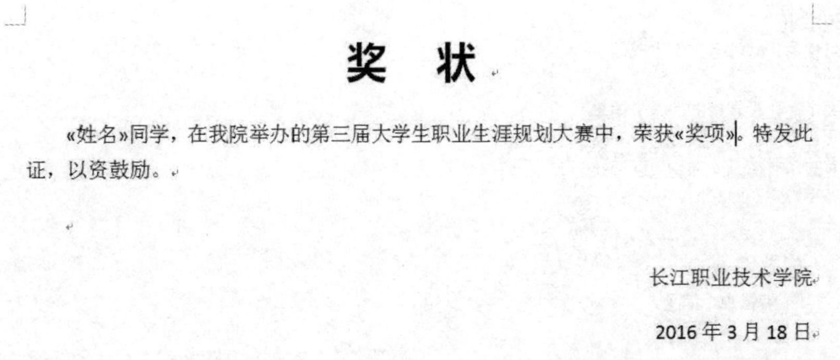

奖 状

«姓名»同学，在我院举办的第三届大学生职业生涯规划大赛中，荣获«奖项»。特发此证，以资鼓励。

长江职业技术学院

2016年3月18日

图3.40 插入合并域后效果

(10) 在“邮件合并”任务窗格中，单击“下一步：预览信函”超链接，进入“邮件合并分步向导”的第5步。在“预览信函”选项(如图3.41所示)区域中，单击“<<”或“>>”按钮，查看具有不同学生姓名和获奖奖项的信函。

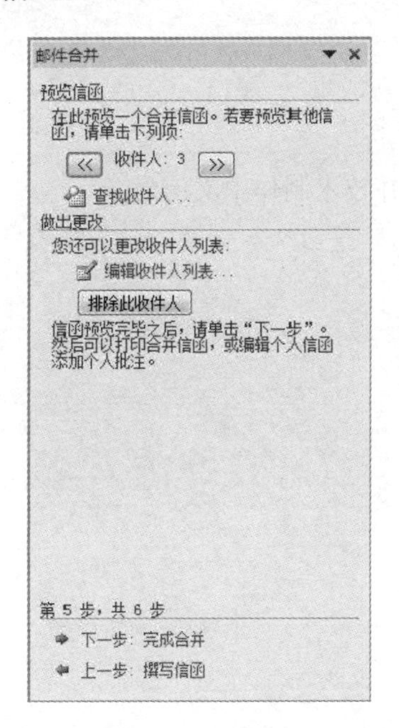

图3.41 预览信函

(11) 预览并处理输出文档后，单击“下一步：完成合并”超链接，进入“邮件合并分步向导”的最后一步，如图3.42所示。在“合并”选项区域中，单击“编辑单个信函”超链接。

(12) 打开“合并到新文档”对话框，在“合并记录”选项区域中，选中“全部”单选按钮，如图3.43所示，然后单击“确定”按钮。

至此，通过Word邮件合并功能就完成了新文档的批量创建。

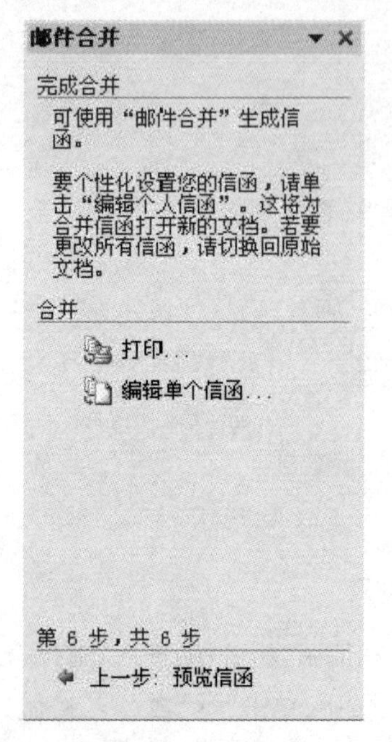

图3.42　完成合并

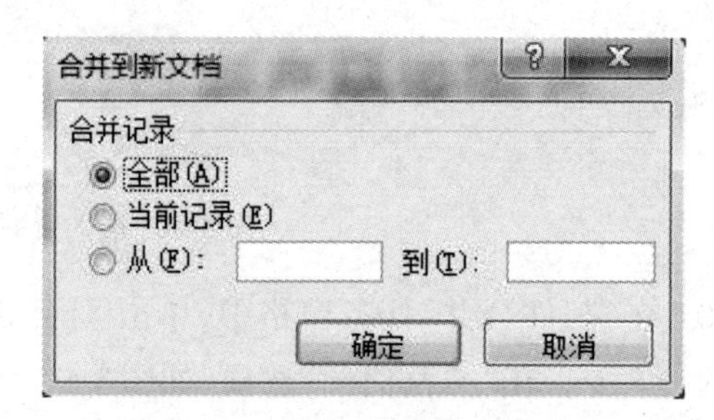

图3.43　合并到新文档

四、技能拓展

利用Word 2010的邮件合并技术制作中文信封。

项目四　制作电子报表

实训一　Excel 2010基本操作

一、实训目的

(1) 掌握基本工作簿、工作表的操作。

(1) 掌握各种数据的输入方法。

(1) 掌握Excel的格式设置。

二、实训内容

制作一份电子通讯录,如图4.1所示。

	A	B	C	D	E	F
1	同学通讯录					
2	姓名	性别	生日	手机号	QQ号	所在城市
3	陈静雯	女	1989/5/6	13805630001	98979090	宣城
4	裘泽	男	1988/2/18	13905632002	76767898	宣城
5	孟小琦	女	1989/12/25	15155580002	88852345	宣城
6	陈思文	男	1988/10/23	15155587865	58901234	宣城
7	李祥林	男	1988/2/14	13805592324	87865432	黄山
8	季向前	男	1990/3/3	13805534567	78456712	芜湖
9	丁万全	男	1990/6/7	13905532221	67654321	芜湖
10	秦楚楚	女	1990/7/29	13805637773	78965432	宣城
11	刘星	男	1989/1/28	13905538885	99786534	芜湖
12	胡文武	男	1989/9/22	13805517676	92134567	合肥
13	靳萧然	女	1990/2/22	13905592322	97856900	黄山
14	朱建华	女	1988/1/14	13905516567	76895432	合肥
15	吴天	男	1990/7/25	13805595656	77779089	黄山
16	熊春雨	女	1989/8/26	13805514446	87865432	合肥
17	张紫萱	女	1989/4/17	13905638689	89898954	宣城
18	张浩	男	1989/9/19	13605632425	98543217	宣城

通讯录　Sheet2　Sheet3

图4.1　通讯录效果图

三、实训步骤

操作1　输入表格数据

(1) 新建文件“同学通讯录.xlsx”,将工作表“sheet1”重命名为“通讯录”。

(2) 在“A1”单元格中输入“同学通讯录”,选择数据区域“A1:F1”,单击“合并及居中”按钮,设置文字为“宋体”“22号”“加粗”,设置行高为“35”。

(3) 在“A2:F2”区域的每个单元格中分别输入列标题“姓名”“性别”“生日”“手机号”“QQ号”“所在城市”,设置文字为“黑体”“12号”,设置行高为“18”。

(4) 选择数据区域“C3:C18”,在“开始”菜单的“单元格”面板中单击“格式”按钮,在下拉列表中选择“设置单元格格式”,选择“数字”选项卡,设置“分类”为“日期”,类型为“*2001/3/4”,单击“确定”,如图4.2所示。

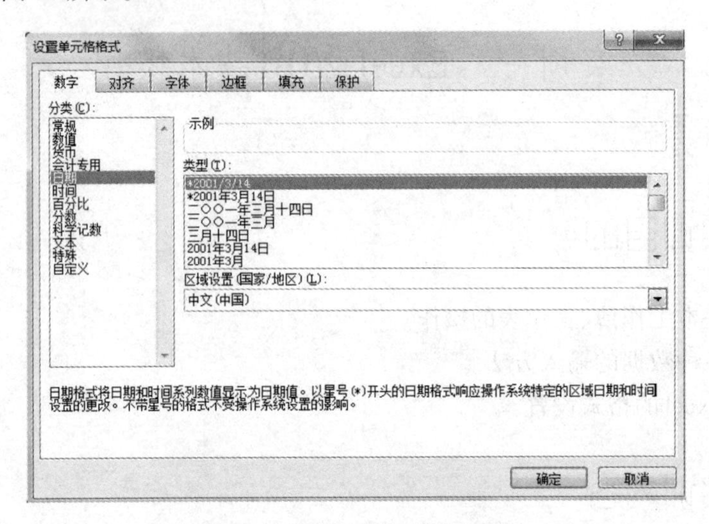

图4.2 设置“日期”型数据区域

(5) 用步骤(4)的方法,将数据区域“D3:E18”设置为“文本”型数据区域。

(6) 设置“A”列、“B”列、“F”列的列宽为“10”,设置“C”列、“D”列的列宽为“15”,设置“E”列的列宽为“12”,在表中输入数据,选择数据区域“A2:F18”,单击“开始”菜单中“对齐方式”面板中的“居中”按钮,最后的效果如图4.3所示。

同学通讯录

姓名	性别	生日	手机号	QQ号	所在城市
陈静雯	女	1989/5/6	13805630001	98979090	宣城
裘泽	男	1988/2/18	13905632002	76767898	宣城
孟小琦	女	1989/12/25	15155580002	88852345	宣城
陈思文	男	1988/10/23	15155587865	58901234	宣城
李祥林	男	1988/2/14	13805592324	87865432	黄山
季向前	男	1990/3/3	13805534567	78456712	芜湖
丁万全	男	1990/6/7	13905532221	67654321	芜湖
秦楚楚	女	1990/7/29	13805637773	78965432	宣城
刘星	男	1989/1/28	13905538885	99786534	芜湖
胡文武	男	1989/9/22	13805517676	92134567	合肥
靳萧然	女	1990/2/22	13905592322	97856900	黄山
朱建华	女	1988/1/14	13905516567	76895432	合肥
吴天	男	1990/7/25	13805595656	77779089	黄山
熊春雨	女	1989/8/26	13805514446	87865432	合肥
张紫萱	女	1989/4/17	13905638689	89898954	宣城
张浩	男	1989/9/19	13605632425	98543217	宣城

图4.3 输入数据

操作2 表格的外观设置

(1) 选择“A1”单元格,在“开始”菜单的“单元格”面板中单击“格式”按钮,在下拉列表中选择“设置单元格格式”,选择“填充”选项卡,单击“其他颜色”按钮,在打开的“颜色”对话框中选择“自定义”选项卡,设置填充颜色为“RGB(204,153,255)”,如图4.4所示。

(2) 按步骤(1)的方法,设置数据区域“A2:F2”的填充颜色为“RGB(204,255,255)”,数据区域“A3:A18”的填充颜色为“RGB(250,191,143)”,数据区域“B3:F18”的填充颜色为“RGB(255,255,153)”。

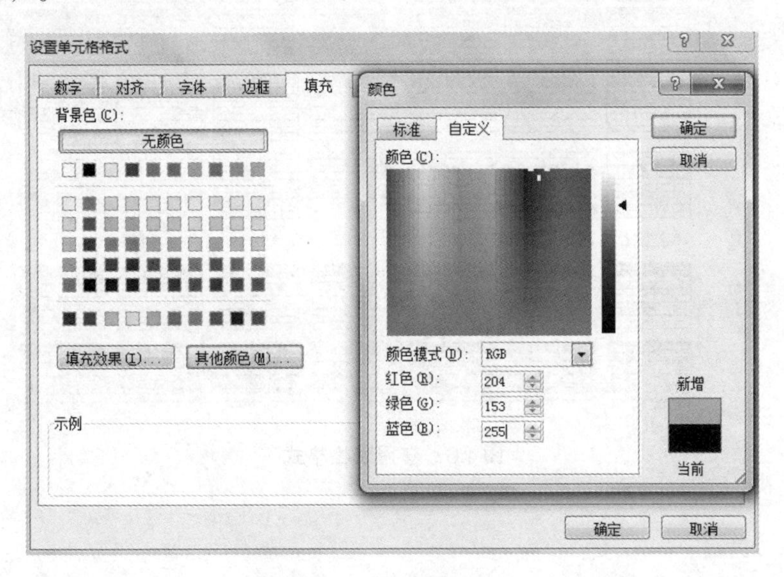

图4.4 单元格填充色

(3) 选择数据区域“A2:F18”,在“开始”菜单的“单元格”面板中单击“格式”按钮,在下拉列表中选择“设置单元格格式”,选择“边框”选项卡,设置外边框和内边框都为细实线,如图4.5所示。

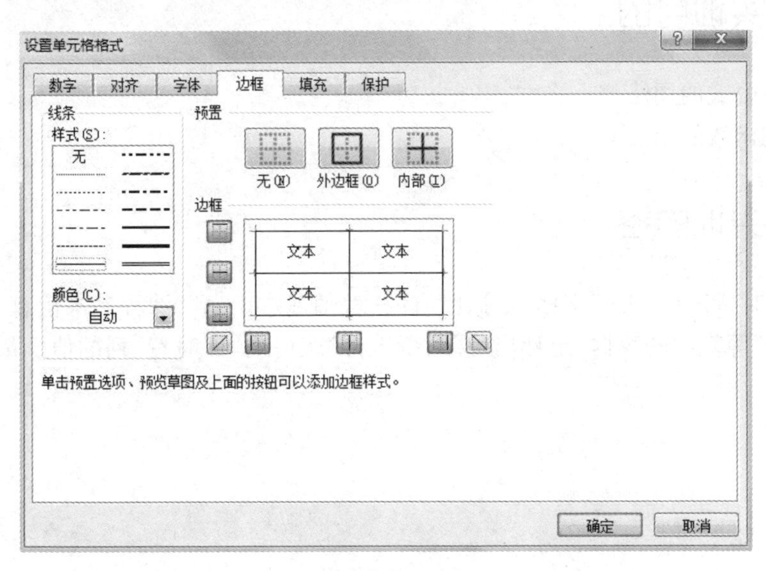

图4.5 设置表格边框

四、拓展技能

给表格进行美化,还可以套用Excel 2010自带的格式,如图4.6所示。

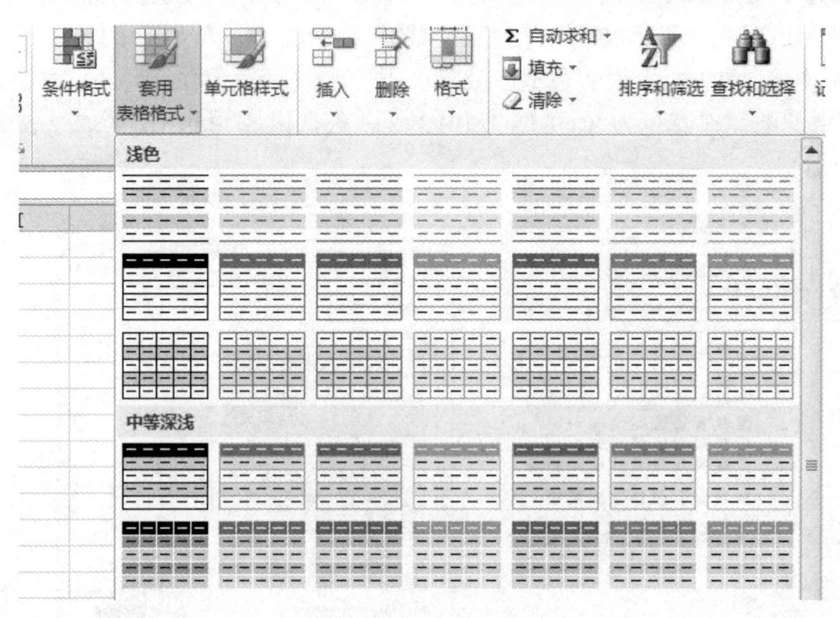

图4.6 套用表格格式

实训二 公式与函数的应用

一、实训目的

(1) 掌握公式的用法。
(2) 掌握函数的用法。

二、实训内容

打开"课时费统计.xlsx"文档,根据已有的"教师基本信息""课程基本信息""授课信息""课时费标准"等表中的数据,统计出"课时费统计"表中的"课时费"列的值。最后的效果如图4.7所示。

计算机基础室2012年度课时费统计表

序号	年度	系	教研室	姓名	职称	课时标准	学时数	课时费
1	2012	计算机系	计算机基础室	陈国庆	教授	120	160	19200
2	2012	计算机系	计算机基础室	张慧龙	教授	120	192	23040
3	2012	计算机系	计算机基础室	崔咏絮	副教授	100	208	20800
4	2012	计算机系	计算机基础室	龚自飞	副教授	100	208	20800
5	2012	计算机系	计算机基础室	李浩然	副教授	100	152	15200
6	2012	计算机系	计算机基础室	王一斌	副教授	100	168	16800
7	2012	计算机系	计算机基础室	向玉瑶	副教授	100	80	8000
8	2012	计算机系	计算机基础室	陈清河	讲师	80	208	16640
9	2012	计算机系	计算机基础室	金洪山	讲师	80	208	16640
10	2012	计算机系	计算机基础室	李传东	讲师	80	192	15360
11	2012	计算机系	计算机基础室	李建州	讲师	80	176	14080
12	2012	计算机系	计算机基础室	李云雨	讲师	80	128	10240
13	2012	计算机系	计算机基础室	苏玉叶	讲师	80	160	12800
14	2012	计算机系	计算机基础室	王伟峰	讲师	80	160	12800
15	2012	计算机系	计算机基础室	王兴发	讲师	80	160	12800
16	2012	计算机系	计算机基础室	夏小萍	讲师	80	120	9600
17	2012	计算机系	计算机基础室	许五多	讲师	80	120	9600
18	2012	计算机系	计算机基础室	张定海	讲师	80	120	9600
19	2012	计算机系	计算机基础室	蒋山农	助教	60	96	5760
20	2012	计算机系	计算机基础室	薛馨子	助教	60	96	5760

课时费统计　授课信息　课程基本信息　课时费标准　教师基本信

图4.7　课时费统计效果图

三、实训步骤

操作1　使用函数计算"职称"信息

(1) 在"课时费统计"表中单击"F3"单元格,单击编辑栏左侧的"插入函数"按钮 fx ,在"插入函数"对话框中,选择"查找与引用"中"VLOOKUP"函数,如图4.8所示。

(2) 单击"确定"后,在打开的"函数参数"对话框中设置参数"Lookup_value"为"E3";"Table_array"为"教师基本信息! $ D $ 3: $ E $ 22";"Col_index_num"为"2","Range_lookup"为"0",如图4.9所示,单击"确定"后的结果如图4.10所示。

(3) 使用序列填充的方式将"F3"单元格公式复制至"F22"单元格,结果如图4.11所示。

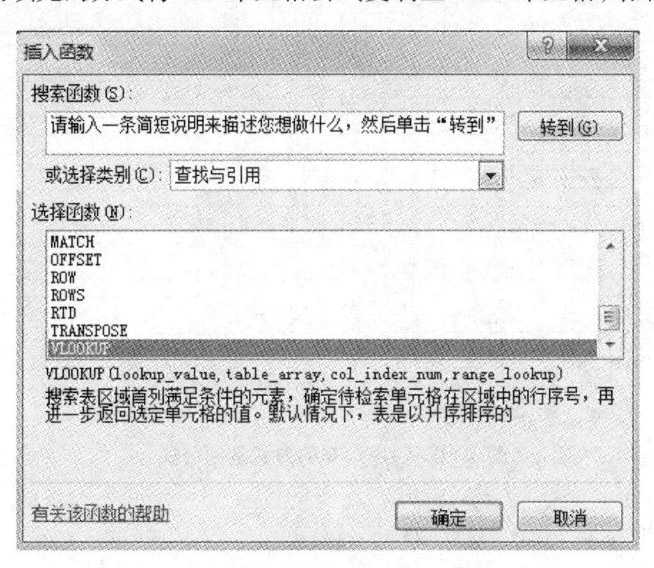

图4.8　插入VLOOKUP函数

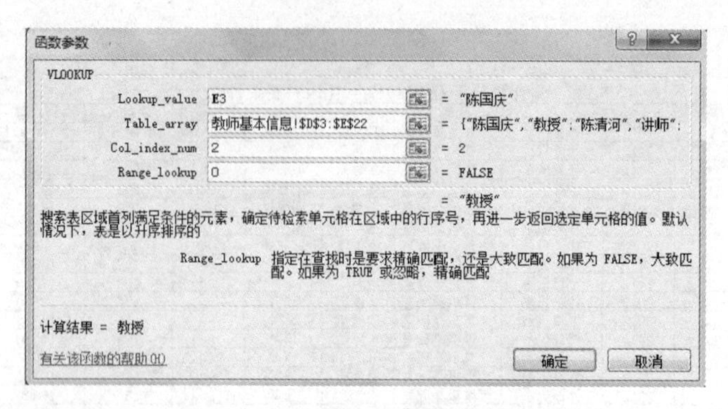

图4.9　VLOOKUP函数参数设置

F3　=VLOOKUP(E3,教师基本信息!$D$3:$E$22,2,0)

	A	B	C	D	E	F	G	H	I
1	计算机基础室2012年度课时费统计表								
2	序号	年度	系	教研室	姓名	职称	课时标准	学时数	课时费
3	1	2012	计算机系	计算机基础室	陈国庆	教授			
4	2	2012	计算机系	计算机基础室	张慧龙				
5	3	2012	计算机系	计算机基础室	崔咏絮				
6	4	2012	计算机系	计算机基础室	龚自飞				
7	5	2012	计算机系	计算机基础室	李浩然				
8	6	2012	计算机系	计算机基础室	王一斌				
9	7	2012	计算机系	计算机基础室	向玉瑶				
10	8	2012	计算机系	计算机基础室	陈清河				
11	9	2012	计算机系	计算机基础室	金洪山				
12	10	2012	计算机系	计算机基础室	李传东				
13	11	2012	计算机系	计算机基础室	李建州				
14	12	2012	计算机系	计算机基础室	李云雨				
15	13	2012	计算机系	计算机基础室	苏玉叶				
16	14	2012	计算机系	计算机基础室	王伟峰				
17	15	2012	计算机系	计算机基础室	王兴发				
18	16	2012	计算机系	计算机基础室	夏小萍				
19	17	2012	计算机系	计算机基础室	许五多				
20	18	2012	计算机系	计算机基础室	张定海				
21	19	2012	计算机系	计算机基础室	蒋山农				
22	20	2012	计算机系	计算机基础室	薛馨子				

课时费统计　授课信息　课程基本信息　课时费标准　教师基本

图4.10　计算教师的职称信息

F3　=VLOOKUP(E3,教师基本信息!$D$3:$E$22,2,0)

	A	B	C	D	E	F	G	H	I
2	序号	年度	系	教研室	姓名	职称	课时标准	学时数	课时费
3	1	2012	计算机系	计算机基础室	陈国庆	教授			
4	2	2012	计算机系	计算机基础室	张慧龙	教授			
5	3	2012	计算机系	计算机基础室	崔咏絮	副教授			
6	4	2012	计算机系	计算机基础室	龚自飞	副教授			
7	5	2012	计算机系	计算机基础室	李浩然	副教授			
8	6	2012	计算机系	计算机基础室	王一斌	副教授			
9	7	2012	计算机系	计算机基础室	向玉瑶	副教授			
10	8	2012	计算机系	计算机基础室	陈清河	讲师			
11	9	2012	计算机系	计算机基础室	金洪山	讲师			
12	10	2012	计算机系	计算机基础室	李传东	讲师			
13	11	2012	计算机系	计算机基础室	李建州	讲师			
14	12	2012	计算机系	计算机基础室	李云雨	讲师			
15	13	2012	计算机系	计算机基础室	苏玉叶	讲师			
16	14	2012	计算机系	计算机基础室	王伟峰	讲师			
17	15	2012	计算机系	计算机基础室	王兴发	讲师			
18	16	2012	计算机系	计算机基础室	夏小萍	讲师			
19	17	2012	计算机系	计算机基础室	许五多	讲师			
20	18	2012	计算机系	计算机基础室	张定海	讲师			
21	19	2012	计算机系	计算机基础室	蒋山农	助教			
22	20	2012	计算机系	计算机基础室	薛馨子	助教			
23									

课时费统计　授课信息　课程基本信息　课时费标准　教师基本　自动填充选项

图4.11　利用填充的方式复制公式

操作2　使用函数计算“课时标准”信息

(1) 在“课时费统计”表中单击“G3”单元格，单击编辑栏左侧的“插入函数”按钮*fx*，在“插入函数”对话框中，选择“查找与引用”中“VLOOKUP”函数，如图4.12所示。

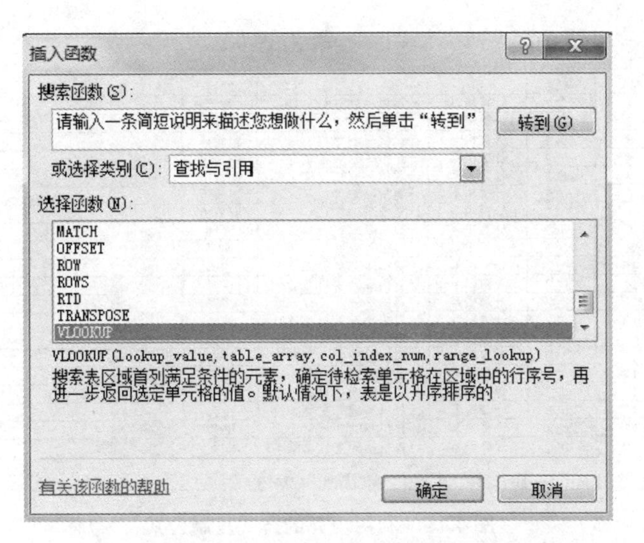

图4.12 插入VLOOKUP函数

(2) 单击“确定”后，在打开的“函数参数”对话框中设置参数“Lookup_value”为“F3”；“Table_array”为“课时费标准! $ A $ 3: $ B $ 6”；“Col_index_num”为“2”；“Range_lookup”为“0”，如图4.13所示，单击“确定”后的结果如图4.14所示。

(3) 使用序列填充的方式将“G3”单元格公式复制至“G22”单元格，结果如图4.15所示。

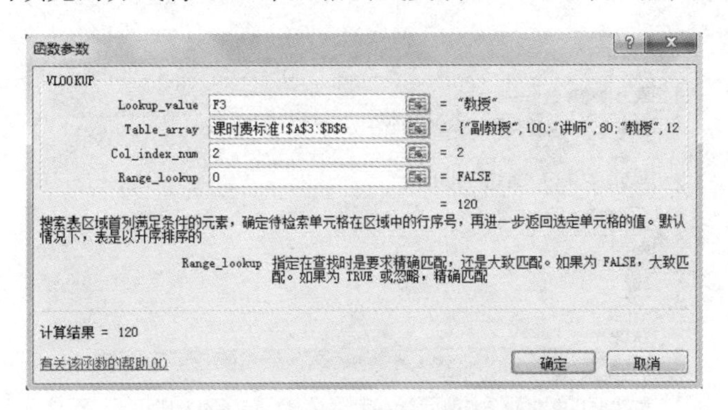

图4.13 VLOOKUP函数参数设置

G3 =VLOOKUP(F3,课时费标准!$A$3:$B$6,2,0)

	A	B	C	D	E	F	G	H	I
2	序号	年度	系	教研室	姓名	职称	课时标准	学时数	课时费
3	1	2012	计算机系	计算机基础室	陈国庆	教授	120		
4	2	2012	计算机系	计算机基础室	张慧龙	教授			
5	3	2012	计算机系	计算机基础室	崔咏絮	副教授			
6	4	2012	计算机系	计算机基础室	龚自飞	副教授			
7	5	2012	计算机系	计算机基础室	李浩然	副教授			
8	6	2012	计算机系	计算机基础室	王一斌	副教授			
9	7	2012	计算机系	计算机基础室	向玉瑶	副教授			
10	8	2012	计算机系	计算机基础室	陈清河	讲师			
11	9	2012	计算机系	计算机基础室	金洪山	讲师			
12	10	2012	计算机系	计算机基础室	李传东	讲师			
13	11	2012	计算机系	计算机基础室	李建州	讲师			
14	12	2012	计算机系	计算机基础室	李云雨	讲师			
15	13	2012	计算机系	计算机基础室	苏玉叶	讲师			
16	14	2012	计算机系	计算机基础室	王伟峰	讲师			
17	15	2012	计算机系	计算机基础室	王兴发	讲师			
18	16	2012	计算机系	计算机基础室	夏小萍	讲师			
19	17	2012	计算机系	计算机基础室	许五多	讲师			
20	18	2012	计算机系	计算机基础室	张定海	讲师			
21	19	2012	计算机系	计算机基础室	蒋山农	助教			
22	20	2012	计算机系	计算机基础室	薛馨子	助教			
23									

课时费统计 / 授课信息 / 课程基本信息 / 课时费标准 / 教师基本

图4.14 计算教师的课时标准

G3 =VLOOKUP(F3,课时费标准!$A$3:$B$6,2,0)

	A	B	C	D	E	F	G	H	I
2	序号	年度	系	教研室	姓名	职称	课时标准	学时数	课时费
3	1	2012	计算机系	计算机基础室	陈国庆	教授	120		
4	2	2012	计算机系	计算机基础室	张慧龙	教授	120		
5	3	2012	计算机系	计算机基础室	崔咏絮	副教授	100		
6	4	2012	计算机系	计算机基础室	龚自飞	副教授	100		
7	5	2012	计算机系	计算机基础室	李浩然	副教授	100		
8	6	2012	计算机系	计算机基础室	王一斌	副教授	100		
9	7	2012	计算机系	计算机基础室	向玉瑶	副教授	100		
10	8	2012	计算机系	计算机基础室	陈清河	讲师	80		
11	9	2012	计算机系	计算机基础室	金洪山	讲师	80		
12	10	2012	计算机系	计算机基础室	李传东	讲师	80		
13	11	2012	计算机系	计算机基础室	李建州	讲师	80		
14	12	2012	计算机系	计算机基础室	李云雨	讲师	80		
15	13	2012	计算机系	计算机基础室	苏玉叶	讲师	80		
16	14	2012	计算机系	计算机基础室	王伟峰	讲师	80		
17	15	2012	计算机系	计算机基础室	王兴发	讲师	80		
18	16	2012	计算机系	计算机基础室	夏小萍	讲师	80		
19	17	2012	计算机系	计算机基础室	许五多	讲师	80		
20	18	2012	计算机系	计算机基础室	张定海	讲师	80		
21	19	2012	计算机系	计算机基础室	蒋山农	助教	60		
22	20	2012	计算机系	计算机基础室	薛馨子	助教	60		
23									

课时费统计 授课信息 课程基本信息 课时费标准 教师基本

图4.15 利用填充的方式复制公式

操作3 使用函数计算"学时数"信息

(1) 在"授课信息"表的"F2"单元格中输入"学时数",单击"F3"单元格,单击编辑栏左侧的"插入函数"按钮 *fx*,在"插入函数"对话框中,选择"查找与引用"中"VLOOKUP"函数,如图4.16所示。

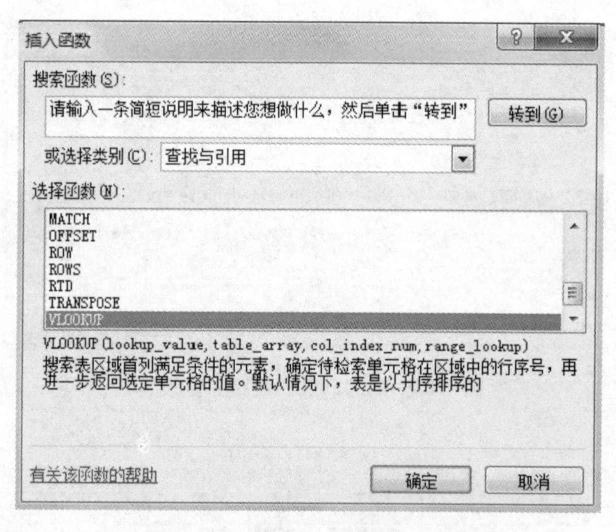

图4.16 插入VLOOKUP函数

(2) 单击"确定"后,在打开的"函数参数"对话框中设置参数"Lookup_value"为"E3";"Table_array"为"课程基本信息! $ B $ 3: $ C $ 16";"Col_index_num"为"2";"Range_lookup"为"0",如图4.17所示,单击"确定"后的结果如图4.18所示。

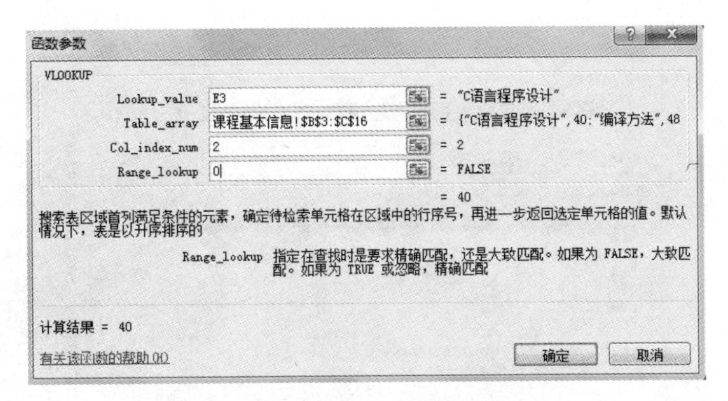

图4.17　VLOOKUP函数参数设置

F3　=VLOOKUP(E3,课程基本信息!$B$3:$C$16,2,0)

	A	B	C	D	E	F
1	计算机基础室2012年度课程承担情况表					
2	编号	年度	学期	姓名	课程名称	学时数
3	1	2012	春季	陈清河	C语言程序设计	40
4	2	2012	春季	陈清河	C语言程序设计	
5	3	2012	春季	金洪山	C语言程序设计	
6	4	2012	春季	金洪山	C语言程序设计	
7	5	2012	春季	李传东	C语言程序设计	
8	6	2012	春季	李传东	C语言程序设计	
9	7	2012	春季	李浩然	C语言程序设计	
10	8	2012	春季	李浩然	C语言程序设计	
11	9	2012	春季	张慧龙	编译方法	
12	10	2012	春季	张慧龙	编译方法	
13	11	2012	春季	崔咏絮	操作系统	
14	12	2012	春季	崔咏絮	操作系统	
15	13	2012	春季	龚自飞	单片机技术	
16	14	2012	春季	龚自飞	单片机技术	
17	15	2012	春季	蒋山农	计算机软件基础	
18	16	2012	春季	李建州	计算机软件基础	
19	17	2012	春季	李建州	计算机软件基础	
20	18	2012	春季	李云雨	计算机软件基础	
21	19	2012	春季	苏玉叶	计算机软件基础	
22	20	2012	春季	王伟峰	计算机软件基础	

课时费统计　授课信息　课程基本信息　课时费标准　教师基本

图4.18　计算各门课的学时数

(3) 使用序列填充的方式将“F3”单元格公式复制至“F22”单元格，结果如图4.19所示。

F3　=VLOOKUP(E3,课程基本信息!$B$3:$C$16,2,0)

	A	B	C	D	E	F
53	51	2012	秋季	李传东	计算机硬件基础	56
54	52	2012	秋季	李传东	计算机硬件基础	56
55	53	2012	秋季	苏玉叶	计算机硬件基础	56
56	54	2012	秋季	苏玉叶	计算机硬件基础	56
57	55	2012	秋季	王伟峰	计算机硬件基础	56
58	56	2012	秋季	王伟峰	计算机硬件基础	56
59	57	2012	秋季	王兴发	计算机硬件基础	56
60	58	2012	秋季	王兴发	计算机硬件基础	56
61	59	2012	秋季	陈国庆	计算机组成原理	40
62	60	2012	秋季	陈国庆	计算机组成原理	40
63	61	2012	秋季	崔咏絮	数据结构	48
64	62	2012	秋季	崔咏絮	数据结构	48
65	63	2012	秋季	龚自飞	数据结构	48
66	64	2012	秋季	龚自飞	数据结构	48
67	65	2012	秋季	张慧龙	数据结构	48
68	66	2012	秋季	张慧龙	数据结构	48
69	67	2012	秋季	陈清河	微机原理与接口技术	64
70	68	2012	秋季	陈清河	微机原理与接口技术	64
71	69	2012	秋季	金洪山	微机原理与接口技术	64
72	70	2012	秋季	金洪山	微机原理与接口技术	64
73						
74						

课时费统计　授课信息　课程基本信息　课时费标准　教师基本

图4.19　利用填充的方式复制公式

(4) 在“课时费统计”表中，单击“H3”单元格，单击编辑栏左侧的“插入函数”按钮f_x，在“插入函数”对话框中，选择“常用函数”中“SUMIF”函数，如图4.20所示。

插入函数

搜索函数(S):

请输入一条简短说明来描述您想做什么，然后单击“转到” 转到(G)

或选择类别(C): 常用函数

选择函数(N):

SUMIF
VLOOKUP
AVERAGEIF
SUM
IF
SUMIFS
COUNTIFS

SUMIF(range, criteria, sum_range)
对满足条件的单元格求和

有关该函数的帮助 确定 取消

图4.20　插入SUMIF函数

（5）单击“确定”后，在打开的“函数参数”对话框中设置参数“Range”为“授课信息! $ D $ 3: $ D $ 72”；“Criteria”为“E3”；“Sum_range”为“授课信息! $ F $ 3: $ F $ 72”，如图4.21所示，单击“确定”后的结果如图4.22所示。

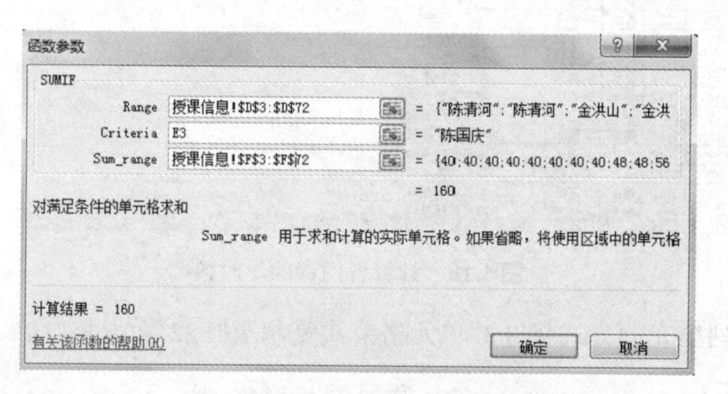

图4.21　SUMIF函数参数设置

H3 =SUMIF(授课信息!$D$3:$D$72,E3,授课信息!$F$3:$F$72)

	A	B	C	D	E	F	G	H	I
2	序号	年度	系	教研室	姓名	职称	课时标准	学时数	课时费
3	1	2012	计算机系	计算机基础室	陈国庆	教授	120	160	
4	2	2012	计算机系	计算机基础室	张慧龙	教授	120		
5	3	2012	计算机系	计算机基础室	崔咏絮	副教授	100		
6	4	2012	计算机系	计算机基础室	龚自飞	副教授	100		
7	5	2012	计算机系	计算机基础室	李浩然	副教授	100		
8	6	2012	计算机系	计算机基础室	王一斌	副教授	100		
9	7	2012	计算机系	计算机基础室	向玉瑶	副教授	100		
10	8	2012	计算机系	计算机基础室	陈清河	讲师	80		
11	9	2012	计算机系	计算机基础室	金洪山	讲师	80		
12	10	2012	计算机系	计算机基础室	李传东	讲师	80		
13	11	2012	计算机系	计算机基础室	李建州	讲师	80		
14	12	2012	计算机系	计算机基础室	李云雨	讲师	80		
15	13	2012	计算机系	计算机基础室	苏玉叶	讲师	80		
16	14	2012	计算机系	计算机基础室	王伟峰	讲师	80		
17	15	2012	计算机系	计算机基础室	王兴发	讲师	80		
18	16	2012	计算机系	计算机基础室	夏小萍	讲师	80		
19	17	2012	计算机系	计算机基础室	许五多	讲师	80		
20	18	2012	计算机系	计算机基础室	张定海	讲师	80		
21	19	2012	计算机系	计算机基础室	蒋山农	助教	60		
22	20	2012	计算机系	计算机基础室	薛馨子	助教	60		

课时费统计　授课信息　课程基本信息　课时费标准　教师基本信

图4.22　计算各门课的学时数

（6）使用序列填充的方式将“H3”单元格公式复制至“H22”单元格，结果如图4.23所示。

H3 =SUMIF(授课信息!$D$3:$D$72,E3,授课信息!$F$3:$F$72)

	A	B	C	D	E	F	G	H	I
3	1	2012	计算机系	计算机基础室	陈国庆	教授	120	160	
4	2	2012	计算机系	计算机基础室	张慧龙	教授	120	192	
5	3	2012	计算机系	计算机基础室	崔咏絮	副教授	100	208	
6	4	2012	计算机系	计算机基础室	龚自飞	副教授	100	208	
7	5	2012	计算机系	计算机基础室	李浩然	副教授	100	152	
8	6	2012	计算机系	计算机基础室	王一斌	副教授	100	168	
9	7	2012	计算机系	计算机基础室	向玉瑶	副教授	100	80	
10	8	2012	计算机系	计算机基础室	陈清河	讲师	80	208	
11	9	2012	计算机系	计算机基础室	金洪山	讲师	80	208	
12	10	2012	计算机系	计算机基础室	李传东	讲师	80	192	
13	11	2012	计算机系	计算机基础室	李建州	讲师	80	176	
14	12	2012	计算机系	计算机基础室	李云雨	讲师	80	128	
15	13	2012	计算机系	计算机基础室	苏玉叶	讲师	80	160	
16	14	2012	计算机系	计算机基础室	王伟峰	讲师	80	160	
17	15	2012	计算机系	计算机基础室	王兴发	讲师	80	160	
18	16	2012	计算机系	计算机基础室	夏小萍	讲师	80	120	
19	17	2012	计算机系	计算机基础室	许五多	讲师	80	120	
20	18	2012	计算机系	计算机基础室	张定海	讲师	80	120	
21	19	2012	计算机系	计算机基础室	蒋山农	助教	60	96	
22	20	2012	计算机系	计算机基础室	薛馨子	助教	60	96	
23									

课时费统计 授课信息 课程基本信息 课时费标准 教师基本

图4.23 利用填充的方式复制公式

操作4 使用函数计算“课时费”信息

（1）选择“课时费统计”表中的“I3”单元格，在编辑栏中输入公式“=H3*G3”后按“Enter”键，则会计算出“陈国庆”的课时费，如图4.24所示。

I3 =H3*G3

	A	B	C	D	E	F	G	H	I
1	计算机基础室2012年度课时费统计表								
2	序号	年度	系	教研室	姓名	职称	课时标准	学时数	课时费
3	1	2012	计算机系	计算机基础室	陈国庆	教授	120	160	19200
4	2	2012	计算机系	计算机基础室	张慧龙	教授	120	192	
5	3	2012	计算机系	计算机基础室	崔咏絮	副教授	100	208	
6	4	2012	计算机系	计算机基础室	龚自飞	副教授	100	208	
7	5	2012	计算机系	计算机基础室	李浩然	副教授	100	152	
8	6	2012	计算机系	计算机基础室	王一斌	副教授	100	168	
9	7	2012	计算机系	计算机基础室	向玉瑶	副教授	100	80	
10	8	2012	计算机系	计算机基础室	陈清河	讲师	80	208	
11	9	2012	计算机系	计算机基础室	金洪山	讲师	80	208	
12	10	2012	计算机系	计算机基础室	李传东	讲师	80	192	
13	11	2012	计算机系	计算机基础室	李建州	讲师	80	176	
14	12	2012	计算机系	计算机基础室	李云雨	讲师	80	128	
15	13	2012	计算机系	计算机基础室	苏玉叶	讲师	80	160	
16	14	2012	计算机系	计算机基础室	王伟峰	讲师	80	160	
17	15	2012	计算机系	计算机基础室	王兴发	讲师	80	160	
18	16	2012	计算机系	计算机基础室	夏小萍	讲师	80	120	
19	17	2012	计算机系	计算机基础室	许五多	讲师	80	120	
20	18	2012	计算机系	计算机基础室	张定海	讲师	80	120	
21	19	2012	计算机系	计算机基础室	蒋山农	助教	60	96	
22	20	2012	计算机系	计算机基础室	薛馨子	助教	60	96	

课时费统计 授课信息 课程基本信息 课时费标准 教师基本信

图4.24 用公式计算课时费

（2）使用序列填充的方式将“I3”单元格公式复制至“I22”单元格，结果如图4.25所示。

I3 =H3*G3

计算机基础室2012年度课时费统计表								
序号	年度	系	教研室	姓名	职称	课时标准	学时数	课时费
1	2012	计算机系	计算机基础室	陈国庆	教授	120	160	19200
2	2012	计算机系	计算机基础室	张慧龙	教授	120	192	23040
3	2012	计算机系	计算机基础室	崔咏絮	副教授	100	208	20800
4	2012	计算机系	计算机基础室	龚自飞	副教授	100	208	20800
5	2012	计算机系	计算机基础室	李浩然	副教授	100	152	15200
6	2012	计算机系	计算机基础室	王一斌	副教授	100	168	16800
7	2012	计算机系	计算机基础室	向玉瑶	副教授	100	80	8000
8	2012	计算机系	计算机基础室	陈清河	讲师	80	208	16640
9	2012	计算机系	计算机基础室	金洪山	讲师	80	208	16640
10	2012	计算机系	计算机基础室	李传东	讲师	80	192	15360
11	2012	计算机系	计算机基础室	李建州	讲师	80	176	14080
12	2012	计算机系	计算机基础室	李云雨	讲师	80	128	10240
13	2012	计算机系	计算机基础室	苏玉叶	讲师	80	160	12800
14	2012	计算机系	计算机基础室	王伟峰	讲师	80	160	12800
15	2012	计算机系	计算机基础室	王兴发	讲师	80	160	12800
16	2012	计算机系	计算机基础室	夏小萍	讲师	80	120	9600
17	2012	计算机系	计算机基础室	许五多	讲师	80	120	9600
18	2012	计算机系	计算机基础室	张定海	讲师	80	120	9600
19	2012	计算机系	计算机基础室	蒋山农	助教	60	96	5760
20	2012	计算机系	计算机基础室	薛馨子	助教	60	96	5760

课时费统计 授课信息 课程基本信息 课时费标准 教师基本信

图4.25 利用填充的方式复制公式

四、拓展技能

在应用公式和函数时,对单元格的引用分为相对引用、绝对引用及混合引用。相对引用是指当公式在移动或复制时,公式中单元格地址会随移动的位置而相应地改变。绝对引用是指在把公式复制或者填入到新的位置时,引用的单元格地址保持不变。设置绝对地址通常是在单元格地址的列号和行号前添加符号“$”。混合引用是指在一个单元格地址引用中相对和绝对的混合使用。

复制公式时,公式中使用的单元格引用需要随着所在位置的不同变化时,应该使用单元格的“相对引用”;不随所在位置变化的,则使用单元格的“绝对引用”。

实训三　数据的统计与分析

一、实训目的

(1) 掌握分类汇总的用法。

(2) 掌握高级筛选的用法。

(3) 掌握图表的用法。

二、实训内容

某校第一学期期末考试刚刚结束,初一年级三个班的成绩均已录入,如图4.26所示,请按照以下要求帮助老师对该成绩单进行整理和分析。

(1) 利用函数求出总分、平均分和班级。

(2) 利用高级筛选功能筛选出语、数、外三科成绩都高于100分的学生信息。

(3) 利用分类汇总功能求出每个班各科的平均成绩。

(4) 根据分类汇总结果,创建一个簇状柱形图。

	A	B	C	D	E	F	G	H	I	J	K	L
1	学号	姓名	班级	语文	数学	英语	生物	地理	历史	政治	总分	平均分
2	120305	包宏伟		91.5	89	94	92	91	86	86		
3	120203	陈万地		93	99	92	86	86	73	92		
4	120104	杜学江		102	116	113	78	88	86	73		
5	120301	符合		99	98	101	95	91	95	78		
6	120306	吉祥		101	94	99	90	87	95	93		
7	120206	李北大		100.5	103	104	88	89	78	90		
8	120302	李娜娜		78	95	94	82	90	93	84		
9	120204	刘康锋		95.5	92	96	84	95	91	92		
10	120201	刘鹏举		93.5	107	96	100	93	92	93		
11	120304	倪冬声		95	97	102	93	95	92	88		
12	120103	齐飞扬		95	85	99	98	92	92	88		
13	120105	苏解放		88	98	101	89	73	95	91		
14	120202	孙玉敏		86	107	89	88	92	88	89		
15	120205	王清华		103.5	105	105	93	93	90	86		
16	120102	谢如康		110	95	98	99	93	93	92		
17	120303	闫朝霞		84	100	97	87	78	89	93		
18	120101	曾令煊		97.5	106	108	98	99	99	96		
19	120106	张桂花		90	111	116	72	95	93	95		

图4.26 数据录入

三、实训步骤

操作1 利用SUM函数求出总分

(1) 选择"K2"单元格,在"公式"菜单中的"函数库"面板中单击"自动求和"按钮Σ,使用自动求和函数计算学号为"120305"学生的总分,如图4.27所示。

	A	B	C	D	E	F	G	H	I	J	K	L	M
1	学号	姓名	班级	语文	数学	英语	生物	地理	历史	政治	总分	平均分	
2	120305	包宏伟		91.5	89	94	92	91	86	86	=SUM(D2:J2)		
3	120203	陈万地		93	99	92	86	86	73	92	SUM(number1, [number2], ...)		
4	120104	杜学江		102	116	113	78	88	86	73			
5	120301	符合		99	98	101	95	91	95	78			
6	120306	吉祥		101	94	99	90	87	95	93			
7	120206	李北大		100.5	103	104	88	89	78	90			
8	120302	李娜娜		78	95	94	82	90	93	84			
9	120204	刘康锋		95.5	92	96	84	95	91	92			
10	120201	刘鹏举		93.5	107	96	100	93	92	93			
11	120304	倪冬声		95	97	102	93	95	92	88			
12	120103	齐飞扬		95	85	99	98	92	92	88			
13	120105	苏解放		88	98	101	89	73	95	91			
14	120202	孙玉敏		86	107	89	88	92	88	89			
15	120205	王清华		103.5	105	105	93	93	90	86			
16	120102	谢如康		110	95	98	99	93	93	92			
17	120303	闫朝霞		84	100	97	87	78	89	93			
18	120101	曾令煊		97.5	106	108	98	99	99	96			
19	120106	张桂花		90	111	116	72	95	93	95			

图4.27 利用自动求和函数求总分

(2) 利用单元格填充的方式,将"K2"单元格中的函数复制至"K19"单元格,最后的效果如图4.28所示。

	A	B	C	D	E	F	G	H	I	J	K	L
1	学号	姓名	班级	语文	数学	英语	生物	地理	历史	政治	总分	平均分
2	120305	包宏伟		91.5	89	94	92	91	86	86	629.5	
3	120203	陈万地		93	99	92	86	86	73	92	621	
4	120104	杜学江		102	116	113	78	88	86	73	656	
5	120301	符合		99	98	101	95	91	95	78	657	
6	120306	吉祥		101	94	99	90	87	95	93	659	
7	120206	李北大		100.5	103	104	88	89	78	90	652.5	
8	120302	李娜娜		78	95	94	82	90	93	84	616	
9	120204	刘康锋		95.5	92	96	84	95	91	92	645.5	
10	120201	刘鹏举		93.5	107	96	100	93	92	93	674.5	
11	120304	倪冬声		95	97	102	93	95	92	88	662	
12	120103	齐飞扬		95	85	99	98	92	92	88	649	
13	120105	苏解放		88	98	101	89	73	95	91	635	
14	120202	孙玉敏		86	107	89	88	92	88	89	639	
15	120205	王清华		103.5	105	105	93	93	90	86	675.5	
16	120102	谢如康		110	95	98	99	93	93	92	680	
17	120303	闫朝霞		84	100	97	87	78	89	93	628	
18	120101	曾令煊		97.5	106	108	98	99	99	96	703.5	
19	120106	张桂花		90	111	116	72	95	93	95	672	

图4.28　自动填充总分

操作2　利用AVERAGE函数求出平均分

（1）选择“L2”单元格，在“开始”菜单中的“编辑”面板中单击“自动求和”按钮Σ下的“平均值”，使用平均值函数计算学号为“120305”学生的平均分，如图4.29所示。

	A	B	C	D	E	F	G	H	I	J	K	L	M	N
1	学号	姓名	班级	语文	数学	英语	生物	地理	历史	政治	总分	平均分		
2	120305	包宏伟		91.5	89	94	92	91	86	86	629.5	=AVERAGE(D2:K2)		
3	120203	陈万地		93	99	92	86	86	73	92	621	AVERAGE(**number1**, [number2], ...)		
4	120104	杜学江		102	116	113	78	88	86	73	656			
5	120301	符合		99	98	101	95	91	95	78	657			
6	120306	吉祥		101	94	99	90	87	95	93	659			
7	120206	李北大		100.5	103	104	88	89	78	90	652.5			
8	120302	李娜娜		78	95	94	82	90	93	84	616			
9	120204	刘康锋		95.5	92	96	84	95	91	92	645.5			
10	120201	刘鹏举		93.5	107	96	100	93	92	93	674.5			
11	120304	倪冬声		95	97	102	93	95	92	88	662			
12	120103	齐飞扬		95	85	99	98	92	92	88	649			
13	120105	苏解放		88	98	101	89	73	95	91	635			
14	120202	孙玉敏		86	107	89	88	92	88	89	639			
15	120205	王清华		103.5	105	105	93	93	90	86	675.5			
16	120102	谢如康		110	95	98	99	93	93	92	680			
17	120303	闫朝霞		84	100	97	87	78	89	93	628			
18	120101	曾令煊		97.5	106	108	98	99	99	96	703.5			
19	120106	张桂花		90	111	116	72	95	93	95	672			

图4.29　利用平均值函数求平均分

（2）利用单元格填充的方式，将“L2”单元格中的函数复制至“L19”单元格，选择“L2:L19”数据区域，单击“开始”菜单，在“单元格”面板中选择单击“格式”按钮，在下拉列表中选择“设置单元格格式”，在打开的对话框中选择“数字”选项卡，设置为“数值”，设置“小数位数”为“2”，“负数”为“1234.10”，最后的效果如图4.30所示。

1	学号	姓名	班级	语文	数学	英语	生物	地理	历史	政治	总分	平均分
2	120305	包宏伟		91.5	89	94	92	91	86	86	629.5	157.38
3	120203	陈万地		93	99	92	86	86	73	92	621	155.25
4	120104	杜学江		102	116	113	78	88	86	73	656	164.00
5	120301	符合		99	98	101	95	91	95	78	657	164.25
6	120306	吉祥		101	94	99	90	87	95	93	659	164.75
7	120206	李北大		100.5	103	104	88	89	78	90	652.5	163.13
8	120302	李娜娜		78	95	94	82	90	93	84	616	154.00
9	120204	刘康锋		95.5	92	96	84	95	91	92	645.5	161.38
10	120201	刘鹏举		93.5	107	96	100	93	92	93	674.5	168.63
11	120304	倪冬声		95	97	102	93	95	92	88	662	165.50
12	120103	齐飞扬		95	85	99	98	92	92	88	649	162.25
13	120105	苏解放		88	98	101	89	73	95	91	635	158.75
14	120202	孙玉敏		86	107	89	88	92	88	89	639	159.75
15	120205	王清华		103.5	105	105	93	93	90	86	675.5	168.88
16	120102	谢如康		110	95	98	99	93	93	92	680	170.00
17	120303	闫朝霞		84	100	97	87	78	89	93	628	157.00
18	120101	曾令煊		97.5	106	108	98	99	99	96	703.5	175.88
19	120106	张桂花		90	111	116	72	95	93	95	672	168.00

图4.30　自动填充平均分并设置格式

操作3　利用MID函数求出班级

(1) 选择“C2”单元格,单击编辑栏左侧的“插入函数”按钮fx,在弹出的对话框中,选择统计函数“MID”,参数设置如图4.31所示。

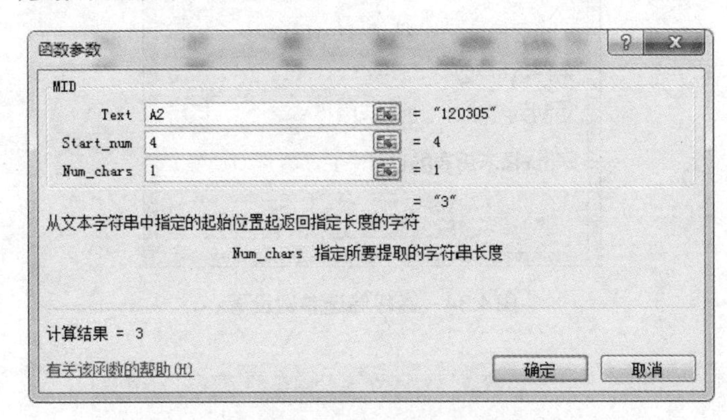

图4.31　MID函数参数设置

(2) 最后在编辑栏中输入如图4.32所示数据即可。

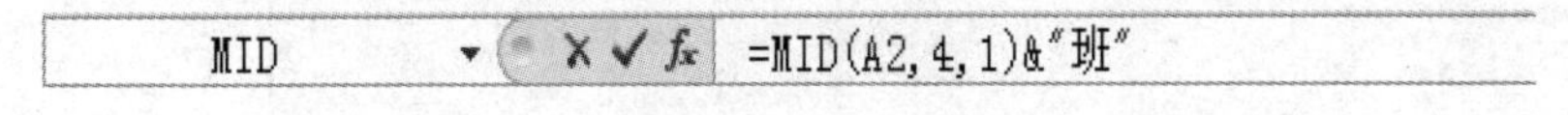

图4.32　数据输入

(3) 利用单元格填充的方式,将“C2”单元格中的函数复制到“C19”单元格。

操作4　筛选出语、数、外三科成绩都高于100分的学生信息

(1) 在数据区域“M4:O5”编写条件区域,如图4.33所示。

(2) 选择数据区域“A1:L19”,单击“数据”菜单,在“排序与筛选”面板中选择“高级筛选”按钮 高级,在打开的对话框中设置参数如图4.34所示。

(3) 单击“确定”后,筛选出的结果如图4.35所示。

	A	B	C	D	E	F	G	H	I	J	K	L	M	N	O
1	学号	姓名	班级	语文	数学	英语	生物	地理	历史	政治	总分	平均分			
2	120305	包宏伟	3班	91.5	89	94	92	91	86	86	629.5	157.38			
3	120203	陈万地	2班	93	99	92	86	86	73	92	621	155.25			
4	120104	杜学江	1班	102	116	113	78	88	86	73	656	164.00	语文	数学	英语
5	120301	符合	3班	99	98	101	95	91	95	78	657	164.25	>100	>100	>100
6	120306	吉祥	3班	101	94	99	90	87	95	93	659	164.75			
7	120206	李北大	2班	100.5	103	104	88	89	78	90	652.5	163.13			
8	120302	李娜娜	3班	78	95	94	82	90	93	84	616	154.00			
9	120204	刘康锋	2班	95.5	92	96	84	95	91	92	645.5	161.38			
10	120201	刘鹏举	2班	93.5	107	96	100	93	92	93	674.5	168.63			
11	120304	倪冬声	3班	95	97	102	93	95	92	88	662	165.50			
12	120103	齐飞扬	1班	95	85	99	98	92	92	88	649	162.25			
13	120105	苏解放	1班	88	98	101	89	73	95	91	635	158.75			
14	120202	孙玉敏	2班	86	107	89	88	92	88	89	639	159.75			
15	120205	王清华	2班	103.5	105	105	93	93	90	86	675.5	168.88			
16	120102	谢如康	1班	110	95	98	99	93	93	92	680	170.00			
17	120303	闫朝霞	3班	84	100	97	87	78	89	93	628	157.00			
18	120101	曾令煊	1班	97.5	106	108	98	99	99	96	703.5	175.88			
19	120106	张桂花	1班	90	111	116	72	95	93	95	672	168.00			

图4.33　编写条件区域

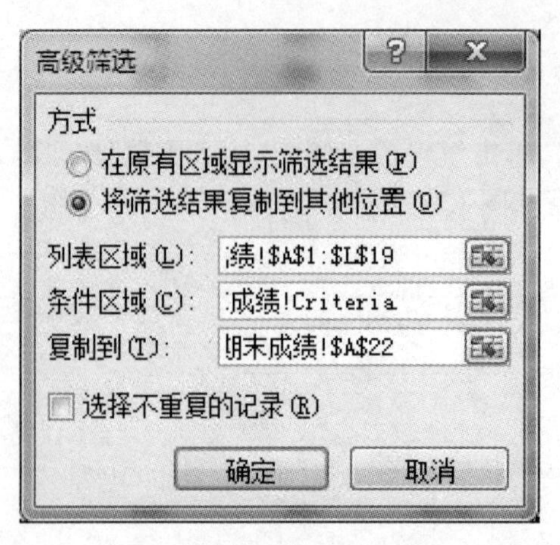

图4.34 高级筛选参数设置

	A	B	C	D	E	F	G	H	I	J	K	L	M	N	O
1	学号	姓名	班级	语文	数学	英语	生物	地理	历史	政治	总分	平均分			
2	120305	包宏伟	3班	91.5	89	94	92	91	86	86	629.5	157.38			
3	120203	陈万地	2班	93	99	92	86	86	73	92	621	155.25			
4	120104	杜学江	1班	102	116	113	78	88	86	73	656	164.00	语文	数学	英语
5	120301	符合	3班	99	98	101	95	91	95	78	657	164.25	>100	>100	>100
6	120306	吉祥	3班	101	94	99	90	87	95	93	659	164.75			
7	120206	李北大	2班	100.5	103	104	88	89	78	90	652.5	163.13			
8	120302	李娜娜	3班	78	95	94	82	90	93	84	616	154.00			
9	120204	刘康锋	2班	95.5	92	96	84	95	91	92	645.5	161.38			
10	120201	刘鹏举	2班	93.5	107	96	100	93	92	93	674.5	168.63			
11	120304	倪冬声	3班	95	97	102	93	95	92	88	662	165.50			
12	120103	齐飞扬	1班	95	85	99	98	92	92	88	649	162.25			
13	120105	苏解放	1班	88	98	101	89	73	95	91	635	158.75			
14	120202	孙玉敏	2班	86	107	89	88	92	88	89	639	159.75			
15	120205	王清华	2班	103.5	105	105	93	93	90	86	675.5	168.88			
16	120102	谢如康	1班	110	95	98	99	93	93	92	680	170.00			
17	120303	闫朝霞	3班	84	100	97	87	78	89	93	628	157.00			
18	120101	曾令煊	1班	97.5	106	108	98	99	99	96	703.5	175.88			
19	120106	张桂花	1班	90	111	116	72	95	93	95	672	168.00			
20															
21															
22	学号	姓名	班级	语文	数学	英语	生物	地理	历史	政治	总分	平均分			
23	120104	杜学江	1班	102	116	113	78	88	86	73	656	164.00			
24	120206	李北大	2班	100.5	103	104	88	89	78	90	652.5	163.13			
25	120205	王清华	2班	103.5	105	105	93	93	90	86	675.5	168.88			
26															

图4.35 高级筛选的结果

操作5 利用分类汇总功能求出每个班各科的平均成绩

(1) 选择数据区域“A1:L19”,单击“数据”菜单,在“排序与筛选”面板中选择“排序”按钮 排序,在打开的对话框中设置参数,如图4.36所示。

(2) 选择数据区域“A1:L19”,单击“数据”菜单,在“分级显示”面板中选择“分类汇总”按钮 分类汇总,在打开的对话框中设置参数,如图4.37所示。

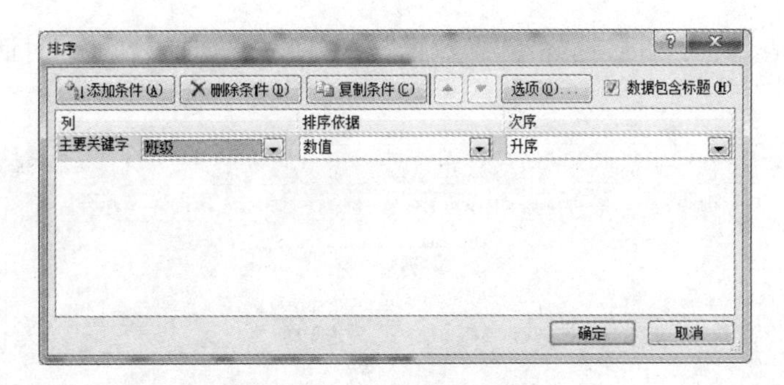

图4.36　排序参数设置

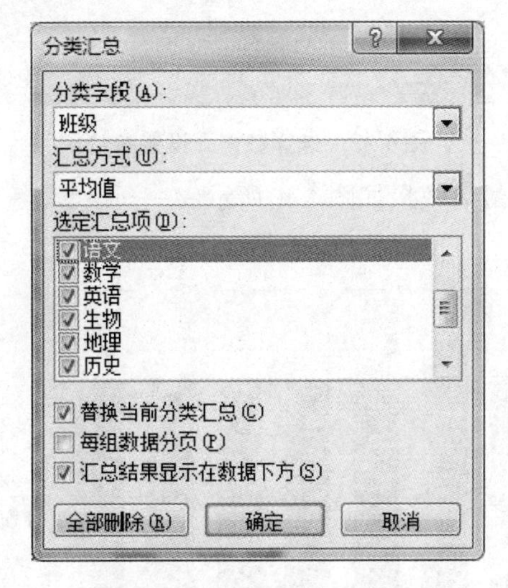

图4.37　分类汇总参数设置

(3) 单击“确定”后,分类汇总的结果如图4.38所示。

	A	B	C	D	E	F	G	H	I	J	K	L	M	N	O
1	学号	姓名	班级	语文	数学	英语	生物	地理	历史	政治	总分	平均分			
2	120104	杜学江	1班	102	116	113	78	88	86	73	656	164.00			
3	120103	齐飞扬	1班	95	85	99	98	92	92	88	649	162.25			
4	120105	苏解放	1班	88	98	101	89	73	95	91	635	158.75	语文	数学	英语
5	120102	谢如康	1班	110	95	98	99	93	93	92	680	170.00	>100	>100	>100
6	120101	曾令煊	1班	97.5	106	108	98	99	99	96	703.5	175.88			
7	120106	张桂花	1班	90	111	116	72	95	93	95	672	168.00			
8			1班 平均	97.08333	101.8333	105.8333	89	90	93	89.16667					
9	120203	陈万地	2班	93	99	92	86	86	73	92	621	155.25			
10	120206	李北大	2班	100.5	103	104	88	89	78	90	652.5	163.13			
11	120204	刘康锋	2班	95.5	92	96	84	95	91	92	645.5	161.38			
12	120201	刘鹏举	2班	93.5	107	96	100	93	92	93	674.5	168.63			
13	120202	孙玉敏	2班	86	107	89	88	92	88	89	639	159.75			
14	120205	王清华	2班	103.5	105	105	93	93	90	86	675.5	168.88			
15			2班 平均	95.33333	102.1667	97	89.83333	91.33333	85.33333	90.33333					
16	120305	包宏伟	3班	91.5	89	94	92	91	86	86	629.5	157.38			
17	120301	符合	3班	99	98	101	95	91	95	78	657	164.25			
18	120306	吉祥	3班	101	94	99	90	87	95	93	659	164.75			
19	120302	李娜娜	3班	78	95	94	82	90	93	84	616	154.00			
20	120304	倪冬声	3班	95	97	102	93	95	92	88	662	165.50			
21	120303	闫朝霞	3班	84	100	97	87	78	89	93	628	157.00			
22			3班 平均	91.41667	95.5	97.83333	89.83333	88.66667	91.66667	87					
23			总计平均	94.61111	99.83333	100.2222	89.55556	90	90	88.83333					
24															
25															

图4.38　分类汇总的结果

操作6　根据汇总结果创建簇状柱形图

(1) 选择数据区域“C8:J8”“C15:J15”“C22:J22”,单击“插入”菜单,在“图表”面板中选择“柱形图”按钮柱形图,从中选择“簇状柱形图”。

(2) 选中图表,单击右键,选择“选择数据”,在打开的“选择数据源”对话框中设置参数,如图4.39所示。

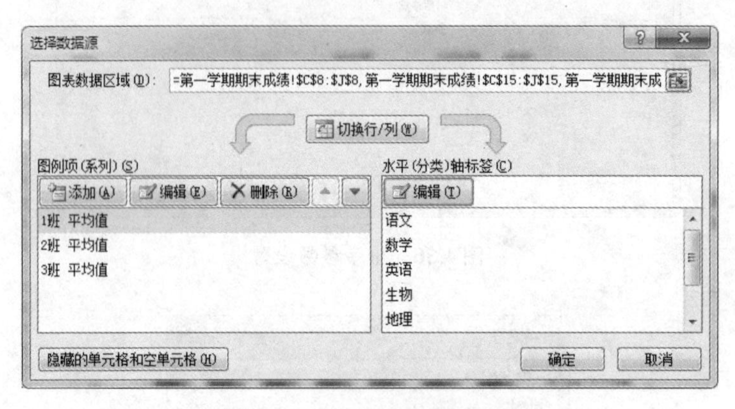

图4.39 选择数据源设置参数

(3) 单击“确定”按钮,最后效果如图4.40所示。

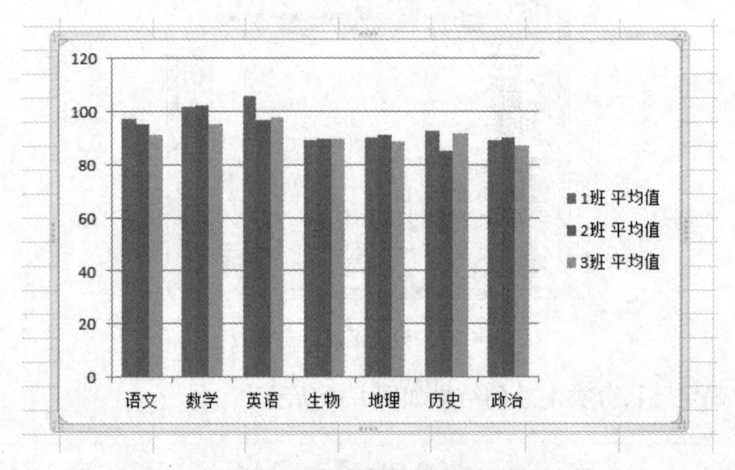

图4.40 “簇状柱形图”最终效果

四、拓展技能

分类汇总是一种条件求和,很多统计类的问题都可以使用“分类汇总”来完成,在进行分类汇总之前,必须先对分类的字段进行排序。

高级筛选可以根据复杂条件进行筛选,还可以把筛选的结果复制到指定的地方。在高级筛选的指定条件中,如果遇到要满足多个条件中任意一个,此时可以将条件写在多行中;如果遇到要同时满足多个条件,此时需要把所有条件写在相同的行中。

项目五　制作演示文稿

实训一　PowerPoint 2010母版的制作

一、实训目的

(1) 熟悉PowerPoint 2010的功能、特点。
(2) 掌握PowerPoint 2010文本设置、排版等基本操作。
(3) 掌握PowerPoint 2010母版的制作与使用。
(4) 掌握PowerPoint 2010文件的保存与打开。

二、实训内容

(1) 设置幻灯片母版。
(2) 设置演示文稿首页、内页、尾页的背景设计。
(3) 统一设置幻灯片文字的字体、大小、颜色等格式。
(4) 能够简化幻灯片的设计流程、统一演示文稿的界面风格。
(5) 保存幻灯片母版。

三、实训步骤

操作1　启动PowerPoint 2010软件

启动PowerPoint 2010,新建演示文稿并保存。

操作2　进入幻灯片母版设置模式

在PowerPoint 2010菜单栏中点击“视图”→“母版视图”→“幻灯片母版”,进入幻灯片母版设置模式,如图5.1所示。

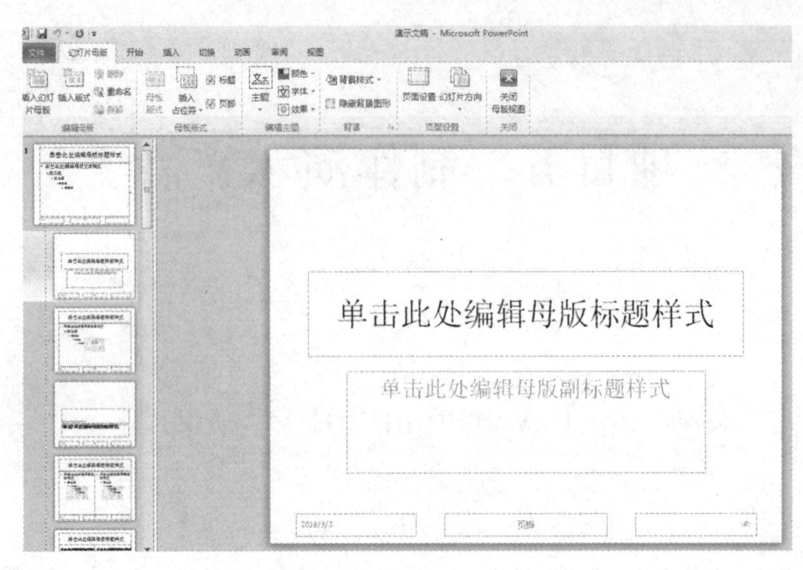

图5.1　设置幻灯片母版

操作3　设置幻灯片母版背景

(1) 设置幻灯片母版背景:在幻灯片空白区域单击鼠标右键,选择“设置背景格式”选项,在“填充”选项卡中选择“图片或纹理填充”,点击“插入自”→“文件”,将“.jpg”格式的文件插入到幻灯片中作为母版背景图片,如图5.2所示。

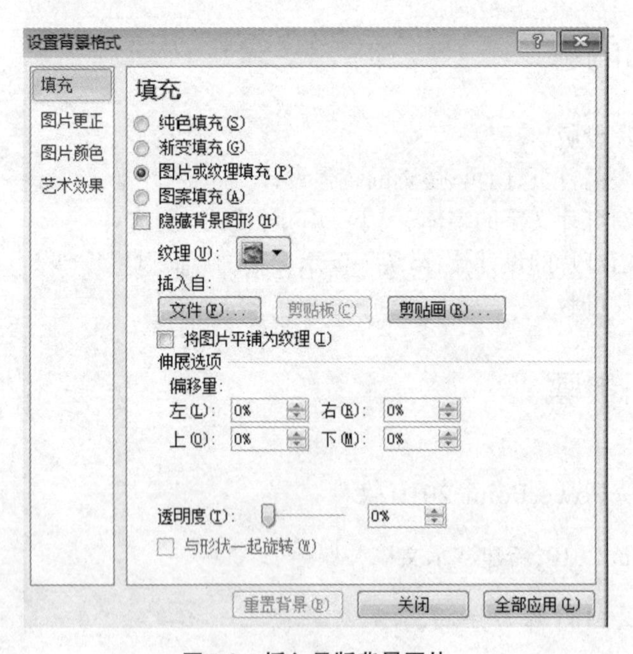

图5.2　插入母版背景图片

(2) 插入Logo图片:在菜单栏中点击“插入”→“图片”,将“.jpg”格式的文件插入到幻灯片中,调整大小,移动到合适位置。右击图片,将其设置为“置于底层”。

(3) 设置字体格式:单击母版标题样式区域,在菜单栏的“开始”选项下的格式工具栏中,将字体设置为“黑体”“40号字”“加粗”“居中对齐”。

（4）设置页眉页脚：在菜单栏选择“插入”→“页眉和页脚”，按图5.3所示进行页眉页脚设置，设置完成后点击“全部应用”。

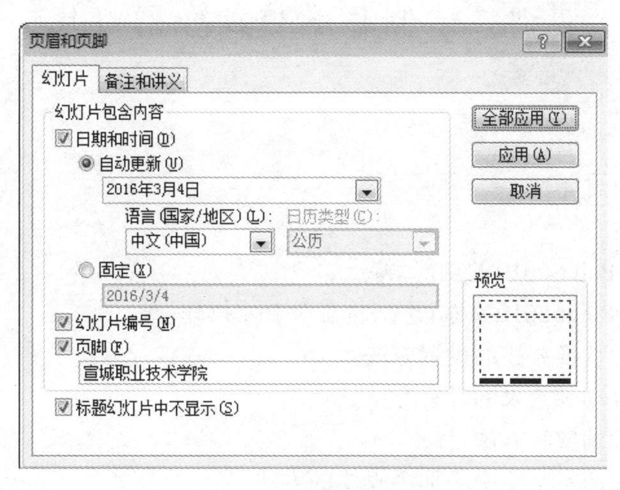

图5.3　设置页眉和页脚

操作4　保存幻灯片母版

保存模板：单击菜单栏文件选项卡，点击“另存为”按钮，保存类型选择“PowerPoint模板（*.potx）”，完成后的幻灯片母版，如图5.4所示。

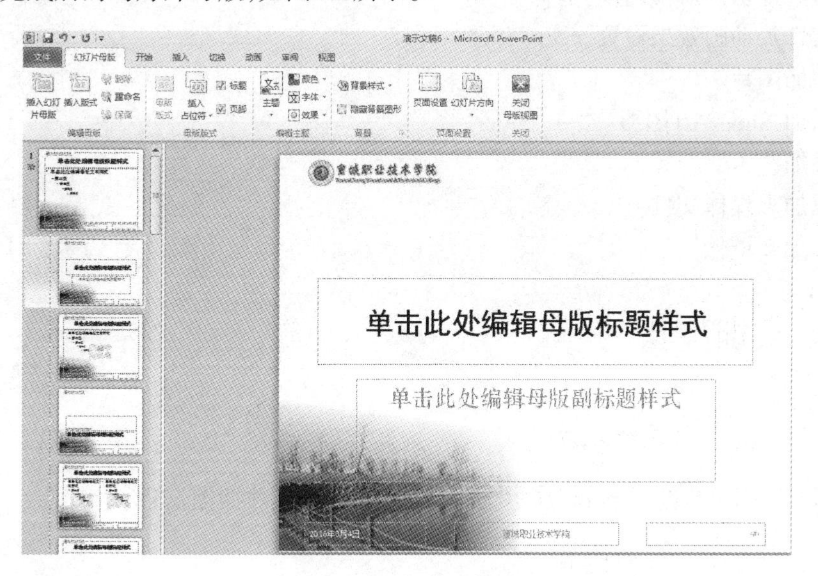

图5.4　幻灯片母版图

四、技能拓展

应掌握母版制作过程中相关背景、页眉和页脚及相关文字格式的设置，应了解母版的作用，同时应区分母版和模板的区别。

实训二　制作学校简介幻灯片

一、实训目的

(1) 熟悉PowerPoint 2010的功能、特点。
(2) 掌握PowerPoint 2010文本设置、排版等基本操作。
(3) 掌握幻灯片切换方式的设置方法。
(4) 掌握幻灯片动画效果的设置方法。
(5) 掌握幻灯片的放映方法。
(6) 熟练掌握在演示文稿中添加多媒体的方法。
(7) 熟练掌握超级链接的添加方法。

二、实训内容

(1) 幻灯片切换效果的设置。
(2) 幻灯片动画效果设置。
(3) 添加图片。
(4) 添加 SmartArt图形。
(5) 添加艺术字。
(6) 添加多媒体文件。
(7) 添加超链接。

三、实训步骤

操作1　设计标题幻灯片

打开实训一中的“母版.potx”演示文档,设计标题幻灯片如图5.5所示。

操作2　设计导航幻灯片

(1) 新建一个幻灯片。
(2) 插入艺术字,选择适当的艺术字样式并调整到合适的位置。插入四个导航文字,如图5.6所示。

操作3　设计内容幻灯片

(1) 新建“学院概况”幻灯片页,输入学院概况内容。
(2) 调整文字大小和格式,如图5.7所示。

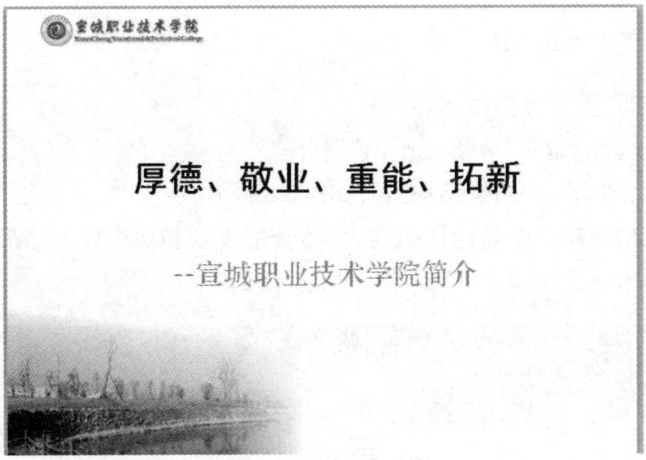

宣城职业技术学院

厚德、敬业、重能、拓新

--宣城职业技术学院简介

图5.5 标题幻灯片

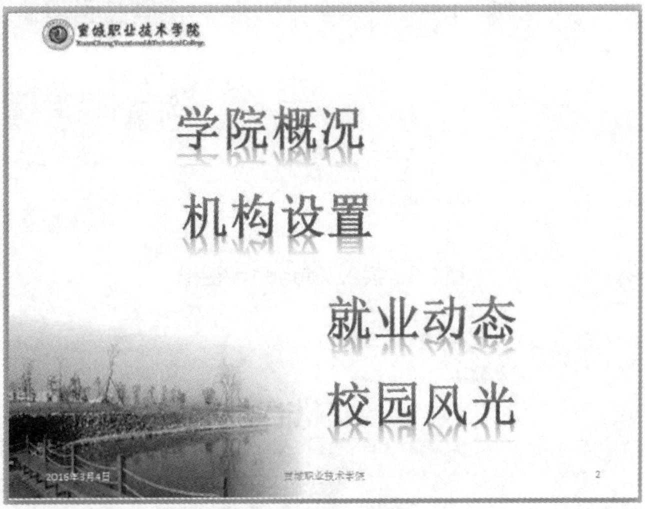

宣城职业技术学院

学院概况

机构设置

就业动态

校园风光

2016年3月4日 宣城职业技术学院 2

图5.6 插入艺术字

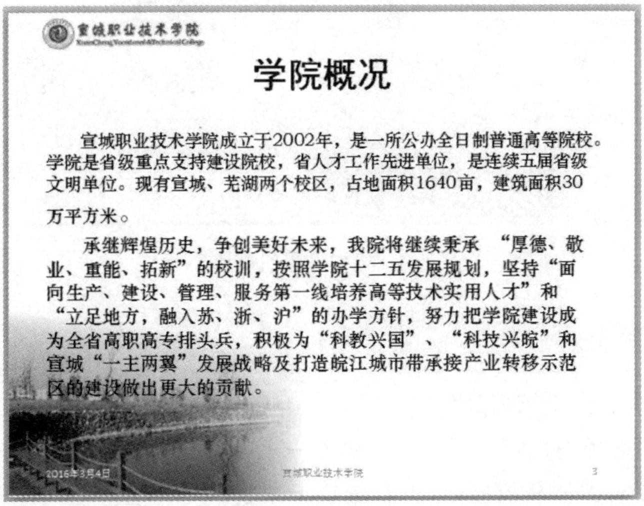

宣城职业技术学院

学院概况

宣城职业技术学院成立于2002年，是一所公办全日制普通高等院校。学院是省级重点支持建设院校，省人才工作先进单位，是连续五届省级文明单位。现有宣城、芜湖两个校区，占地面积1640亩，建筑面积30万平方米。

承继辉煌历史，争创美好未来，我院将继续秉承 “厚德、敬业、重能、拓新”的校训，按照学院十二五发展规划，坚持“面向生产、建设、管理、服务第一线培养高等技术实用人才”和“立足地方，融入苏、浙、沪”的办学方针，努力把学院建设成为全省高职高专排头兵，积极为“科教兴国”、“科技兴皖”和宣城“一主两翼”发展战略及打造皖江城市带承接产业转移示范区的建设做出更大的贡献。

2016年3月4日 宣城职业技术学院 3

图5.7 学院概况

操作4　制作 SmartArt 图形

(1) 新建“机构设置”幻灯片。

(2) 在菜单栏选择“插入”→“SmartArt”图形。

(3) 选择“层次结构”→“组织结构图”,如图5.8所示。

(4) 根据学院情况输入学院组织机构,调整合适级别和次序以及图形形状格式,设置好的效果如图5.9所示。

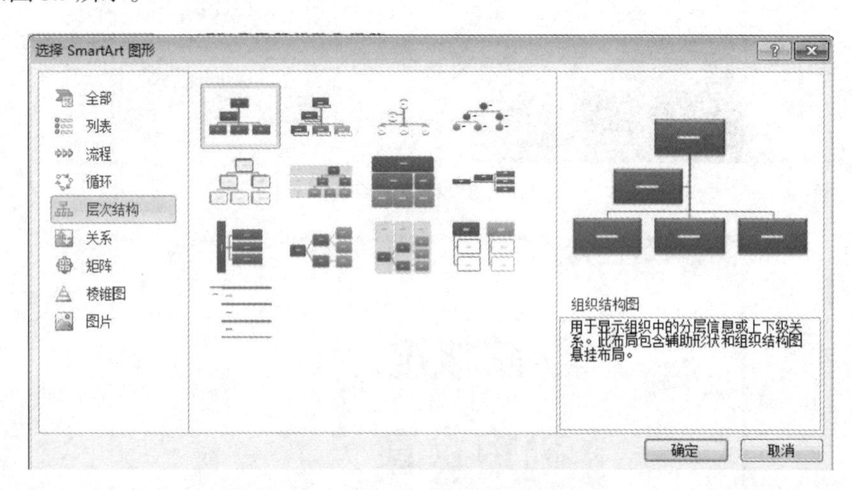

图5.8　插入“SmartArt”图形

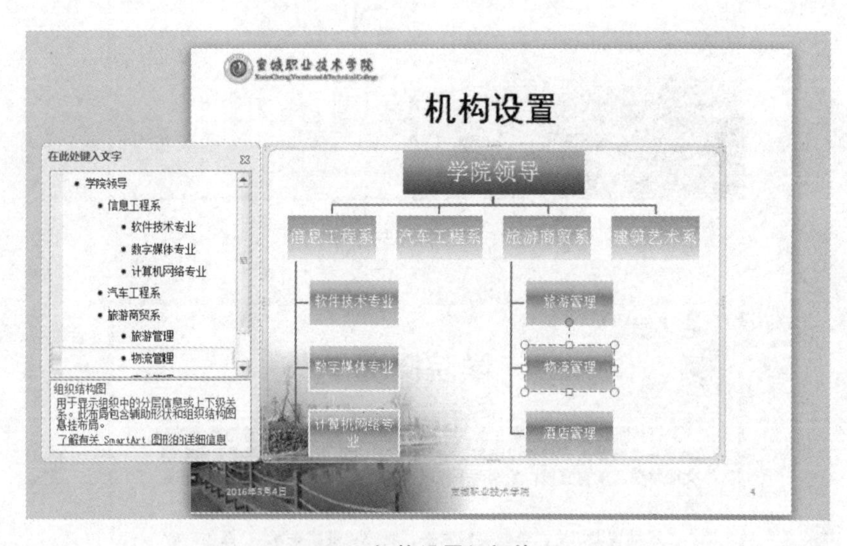

5.9　机构设置幻灯片

操作5　制作图表

(1) 新建“就业率统计”幻灯片。

(2) 在菜单栏选择“插入”→“图表”,插入一个折线图类型的数据图表,并添加相关数据。如果想修改图表类型和数据,也可右键单击图表部分,选择“更改图表类型”或“编辑数据”,即可修改图表类型和数据,最终效果如图5.10所示。

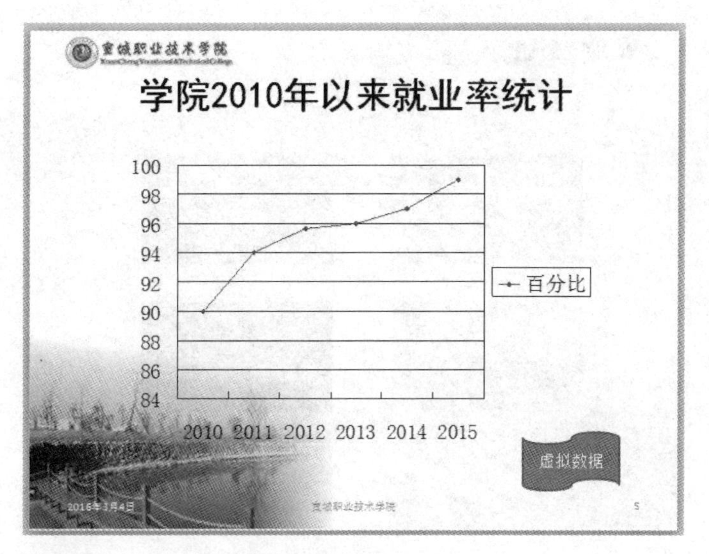

图5.10　就业率动态图表

操作6　制作饼状图

(1) 新建“就业人数统计”幻灯片。

(2) 在菜单栏选择“插入”→“图表”,插入一个饼图类型的数据图表,并添加相关数据,最终效果如图5.11所示。

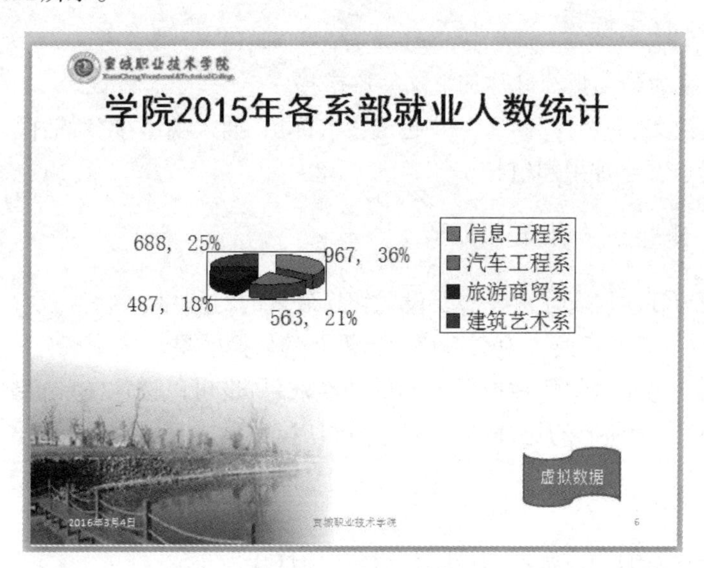

图5.11　“就业人数统计”饼状图

操作7　插入多媒体文件

(1) 新建“校园风光”幻灯片。

(2) 在菜单栏选择“插入”→“图片”,选择自己需要的图片插入,效果如图5.12所示。类似的也可以插入视频、声音、Flash动画等多媒体文件。

图5.12　校园风光幻灯片

操作8　插入艺术字

(1) 制作结尾致谢幻灯片:在幻灯片中间输入艺术字“谢谢”。

(2) 在菜单栏点击“动画”,为艺术字添加动画“旋转”。

操作9　插入超链接

(1) 根据文字为第二张幻灯片加上文档内链接。

(2) 选中链接文字,选择“插入”→“超链接”,弹出“插入超链接”对话框,选中“文档中的位置”,为四个导航文字加上超链接。

操作10　设置切换效果

(1) 在左侧幻灯片列表栏选择需要设置切换效果的幻灯片。

(2) 在菜单栏选择“切换”,为幻灯片选择需要的切换效果。

(3) 可以逐一为每张幻灯片设置不同的切换效果,也可以按住“Shift”键,全选幻灯片列表栏的所有幻灯片,为所有幻灯片同时设置某种切换效果。

操作11　播放幻灯片

在菜单栏点击“幻灯片放映”,从头开始播放幻灯片。

四、技能拓展

幻灯片录制:在菜单栏单击“幻灯片放映”项下的“录制幻灯片演示”,可以在放映幻灯片的同时录制幻灯片,包括幻灯片的切换时间、旁白、批注。放映录制的幻灯片能够实现多次完全相同的幻灯片放映效果。

项目六　网络与Internet应用

实训一　网络配置

一、实训目标

(1) 熟悉网络协议的选择。
(2) 掌握IP地址的设置。

二、实训内容

(1) Internet协议的选择。
(2) 静态IP地址的设置。
(3) 动态IP地址的设置。
(4) 网络维护。

三、实训步骤

操作1　打开网络连接

右键单击桌面上“网络”图标,选择“属性”,在打开的“网络和共享中心”窗口中,单击左侧“更改适配器设置”,打开“网络连接”窗口,如图6.1所示。

操作2　选择协议

(1) 右键单击“本地连接”图标,选择“属性”按钮,弹出“本地连接属性”对话框,如图6.2所示。

(2) 选择其中的“Internet 协议版本4(TCP/IPv4)”项。

(3) 单击“属性”按钮,在弹出的“Internet 协议版本4(TCP/IPv4)属性”对话框中设置IP地址。

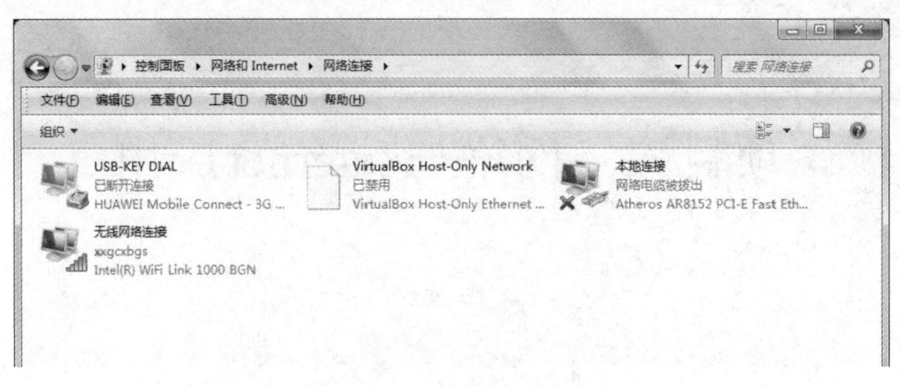

图6.1　网络连接

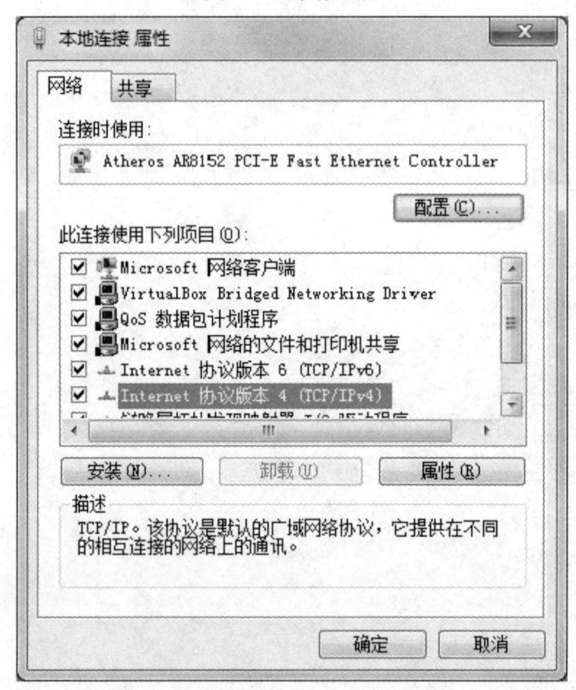

图6.2　本地连接属性

操作3　设置IP地址

设置IP地址有两种方法,具体如下:

(1) 若局域网接入Internet的ISP服务商提供DHCP服务器,则选择“自动获得IP地址”选项,此时不需要设置IP地址。

(2) 若局域网接入Internet的ISP服务商没有提供DHCP服务器,则选择“使用下面的IP地址”选项,在此设置ISP服务商提供给局域网用户的“IP地址”和“子网掩码”。具体操作如下:

① 分别输入ISP服务商提供的“IP地址”和“子网掩码”,如图6.3所示;

② 在“默认网关”和“使用下面的DNS服务器地址”处输入网络管理员提供的网关和DNS服务器地址;

③ 单击“确定”按钮,完成设置,此时即建立了一个通过局域网接入到Internet的连接。

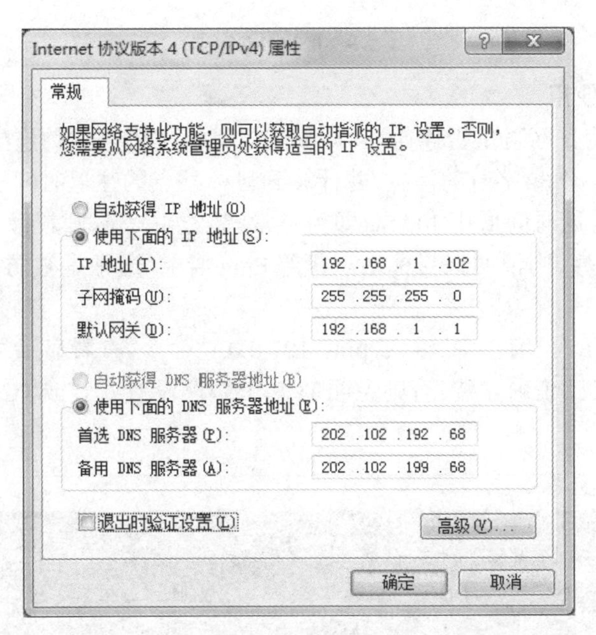

图6.3　Internet协议版本4(TCP/IPv4)属性

操作4　网络维护

局域网运行一段时间后，可能会出现一些网络问题，此时就需要对网络进行维护。网络维护主要通过一些常用网络工具来进行，如Ipconfig、Ping、Telnet等。

1. Ipconfig命令的使用

Ipconfig命令主要用来查看TCP/IP协议的具体配置信息，如网卡的物理地址(MAC地址)、主机的IPv4地址、子网掩码以及默认网关等，还可以查看主机名、DNS服务器等信息。

(1) 在“开始”菜单的“运行”文本框中输入“CMD”命令，打开“命令提示符”窗口，如图6.4所示。

(2) 在“命令提示符”窗口中，输入“ipconfig/all”命令，查看TCP/IP协议的具体配置信息。

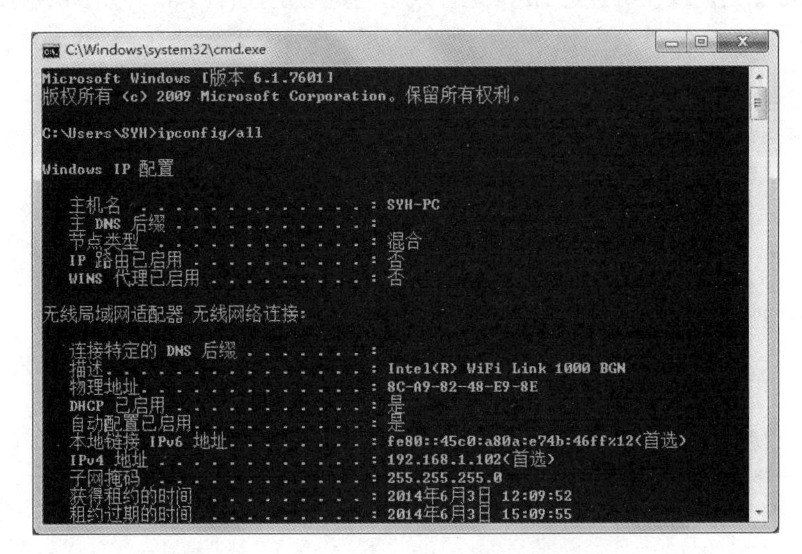

图6.4 Ipconfig命令

2. Ping命令的使用

Ping命令用来检查网络是否连通,以及测试与目标主机之间的连接速度。Ping命令自动向目标主机发送一个32字节的消息,并计算到目标站点的往返时间。该过程在默认情况下独立进行4次。往返时间低于400 ms即为正常,超过400 ms则较慢。如果返回“Request timed out”(超时)信息,则说明该目标站点拒绝Ping请求(通常是被防火墙阻挡)或连接不通等。

(1) 在“命令提示符”窗口中,输入“ping 127.0.0.1”命令,查看显示结果。如果能Ping成功,说明TCP/IP协议已正确安装,否则说明TCP/IP协议没有安装或TCP/IP 协议有错误等,如图6.5所示。

```
C:\Windows\system32\cmd.exe
Microsoft Windows [版本 6.1.7601]
版权所有 (c) 2009 Microsoft Corporation。保留所有权利。

C:\Users\SYH>ping 127.0.0.1

正在 Ping 127.0.0.1 具有 32 字节的数据:
来自 127.0.0.1 的回复: 字节=32 时间<1ms TTL=64
来自 127.0.0.1 的回复: 字节=32 时间<1ms TTL=64
来自 127.0.0.1 的回复: 字节=32 时间<1ms TTL=64
来自 127.0.0.1 的回复: 字节=32 时间<1ms TTL=64

127.0.0.1 的 Ping 统计信息:
    数据包: 已发送 = 4, 已接收 = 4, 丢失 = 0 (0% 丢失),
往返行程的估计时间(以毫秒为单位):
    最短 = 0ms, 最长 = 0ms, 平均 = 0ms

C:\Users\SYH>
```

图6.5 Ping命令

(2) 如果以上测试成功,输入“ping 默认网关”命令,查看显示结果。其中的“默认网关”就是如图所示的默认网关IP地址。如果能Ping成功,说明主机到默认网关的链路是连通的;否则,有可能是网线没有连通、IPv4地址或子网掩码设置有误等,如图6.6所示。

```
C:\Windows\system32\cmd.exe

C:\Users\SYH>ping 192.168.1.1

正在 Ping 192.168.1.1 具有 32 字节的数据:
来自 192.168.1.1 的回复: 字节=32 时间=2ms TTL=64
来自 192.168.1.1 的回复: 字节=32 时间=2ms TTL=64
来自 192.168.1.1 的回复: 字节=32 时间=6ms TTL=64
来自 192.168.1.1 的回复: 字节=32 时间=2ms TTL=64

192.168.1.1 的 Ping 统计信息:
    数据包: 已发送 = 4, 已接收 = 4, 丢失 = 0 (0% 丢失),
往返行程的估计时间(以毫秒为单位):
    最短 = 2ms, 最长 = 6ms, 平均 = 3ms

C:\Users\SYH>
```

图6.6 Ping命令

(3) 如果以上测试均成功,输入"ping 115.239.211.110"命令,查看显示结果。其中的"115.239.211.110"是Internet上某服务器的IP地址。如果Ping成功,说明主机能访问Internet;否则,说明默认网关设置有误或默认网关没有连接到Internet等,如图6.7所示。

图6.7 Ping命令

(4) 如果以上测试均成功,输入"ping www.baidu.com"命令,查看显示结果。如果Ping成功,说明主机DNS服务器工作正常,能把网址(www.baidu.com)正确解释为IP地址(115.239.211.110);否则,说明主机DNS服务器的设置有误等,如图6.8所示。

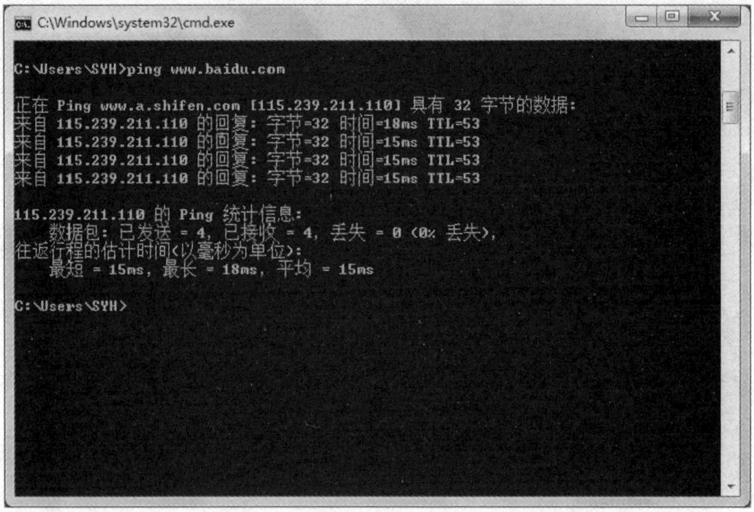

```
C:\Windows\system32\cmd.exe

C:\Users\SYH>ping www.baidu.com

正在 Ping www.a.shifen.com [115.239.211.110] 具有 32 字节的数据:
来自 115.239.211.110 的回复: 字节=32 时间=18ms TTL=53
来自 115.239.211.110 的回复: 字节=32 时间=15ms TTL=53
来自 115.239.211.110 的回复: 字节=32 时间=15ms TTL=53
来自 115.239.211.110 的回复: 字节=32 时间=15ms TTL=53

115.239.211.110 的 Ping 统计信息:
    数据包: 已发送 = 4, 已接收 = 4, 丢失 = 0 (0% 丢失),
往返行程的估计时间(以毫秒为单位):
    最短 = 15ms, 最长 = 18ms, 平均 = 15ms

C:\Users\SYH>
```

图6.8　Ping命令

四、技能拓展

动态IP地址的释放和获得:在“命令提示符”窗口,输入“ipconfig/release”可以释放当前的IP地址;释放IP地址之后,可以使用“ipconfig/renew”来重新获取IP地址。

实训二　设置路由器

一、实训目标

（1）熟悉路由器的连接。

（2）了解路由器的登录。

（3）掌握路由器的设置。

二、实训内容

（1）连接路由器。

（2）路由器的基本设置。

（3）路由器的安全设置。

三、实训步骤

（1）以TP-Link WR740N为例，打开IE浏览器，在地址栏输入"192.168.1.1"，按"Enter"键，弹出如图6.9所示的界面，输入登录凭据。

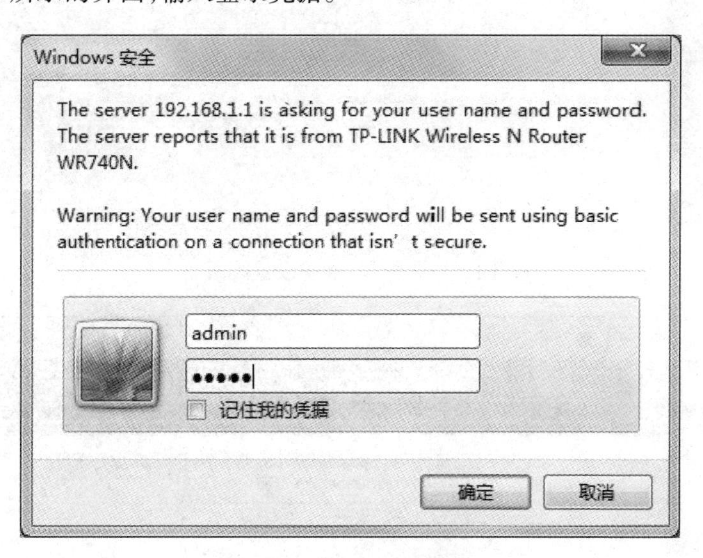

图6.9　路由器登录界面

（2）进入路由器界面，点击"设置向导"，点击"下一步"选择"PPPoE"，然后再点击"下一步"，如图6.10所示。

（3）进入如图6.11所示的界面，输入ADSL账号和口令，单击"下一步"。

（4）弹出“无线设置”的界面，输入SSID信息，选择“WPA-PSK/WPA2-PSK”无线安全选

项，输入PSK密码，单击“下一步”，如图6.12所示。

（5）设置完成，单击“重启”，路由器将重启以使设置生效，如图6.13所示。

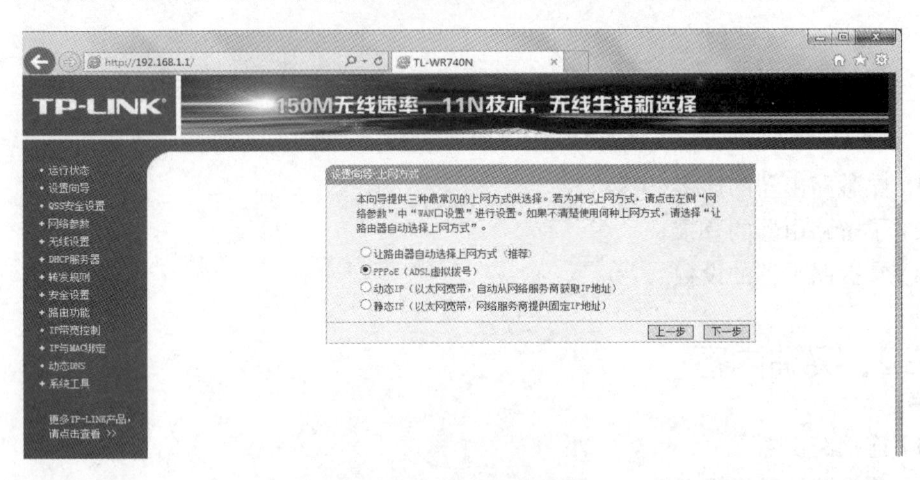

6.10　设置向导界面

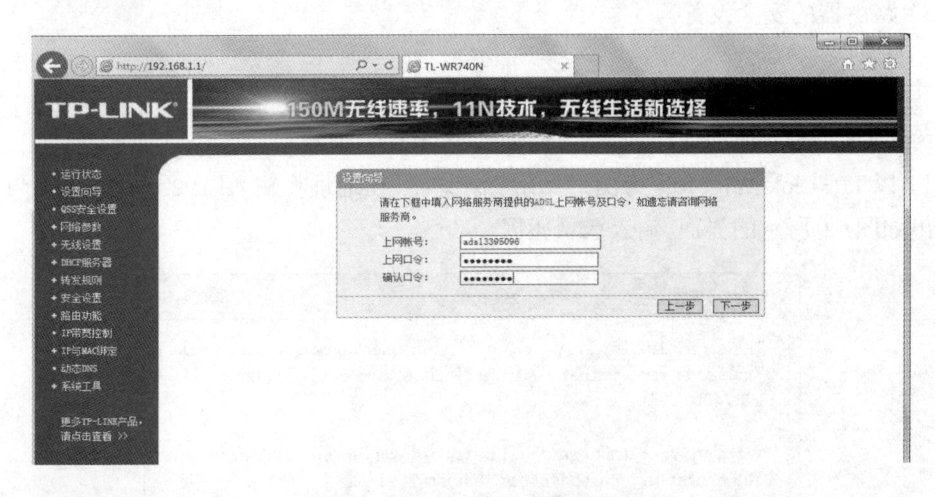

图6.11　账号、密码设置界面

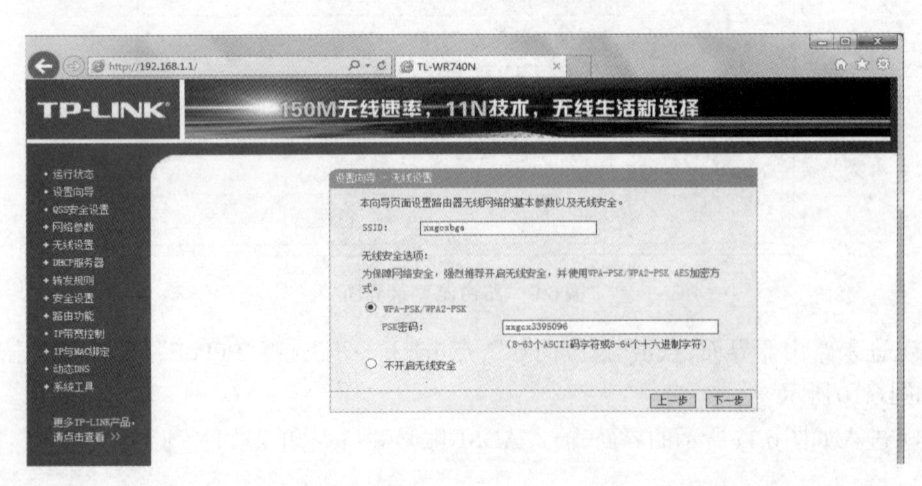

图6.12 无线安全设置界面

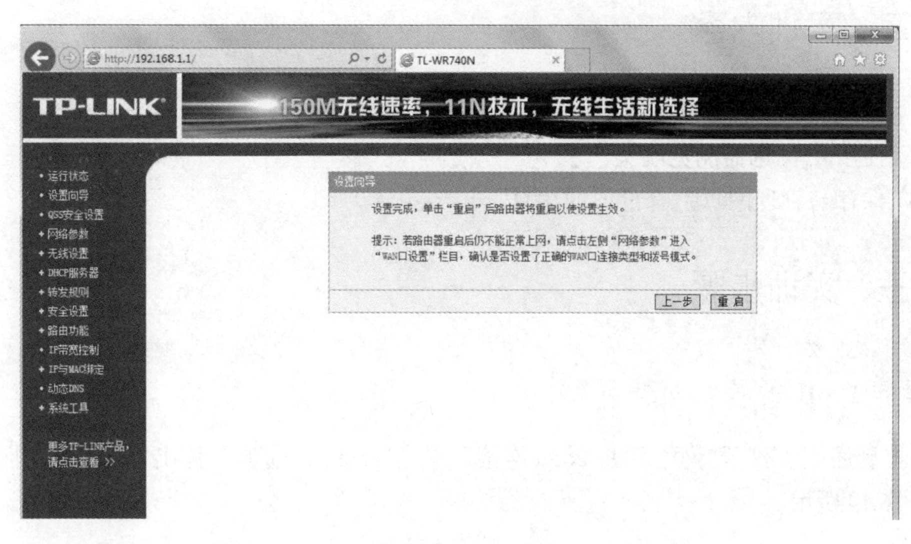

图6.13 重启界面

四、技能拓展

无线路由器怎么设置最安全，具体方式有以下几种：

（1）无线加密方式：选择较新的WPA2-PSK，否则用专业软件可以几分钟内就破解掉Wep加密方式。

（2）增加密码强度：至少8位，隔一段时间就换一次。密码包含大写字母、小写字母、数字、特殊符号这四种中的三种及以上。这个主要是增加暴力破解的难度。

（3）QSS功能关闭或者修改掉默认的PIN码：这个主要是因为目前D-Link、TP-Link等主流无线路由器厂商的QSS默认PIN的分配算法已经被破解，QSS功能关闭或者修改掉默认的PIN码可以防止其他人利用QSS认证的漏洞攻击。

（4）MAC地址绑定和关闭DHCP：让别人连上你的路由器也分不到IP地址。

（5）关闭SSID广播：让别人看不到你的网络。

实训三　IE的基本设置与网上浏览

一、实训目标

（1）熟练掌握IE浏览器的基本设置。

（2）掌握网页的收藏。

（3）掌握网页的保存。

二、实训内容

(1) IE浏览器的基本设置。

(2) 使用IE浏览器浏览网页。

(3) 保存与管理网页上有价值的信息。

三、实训步骤

操作1 IE的基本设置

在控制面板中打开“网络和Internet连接”,单击“Internet选项”,弹出“Internet属性”对话框,如图6.14所示。

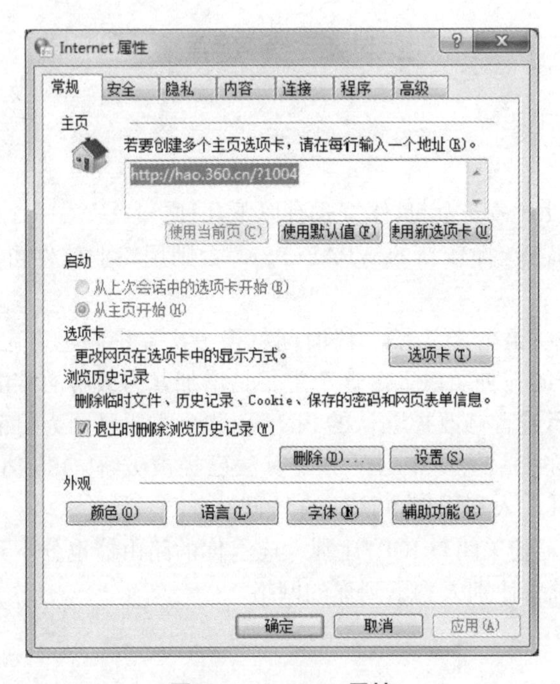

图6.14 Internet属性

1. “常规”选项的设置

(1) 将主页设置为“http://www.hao123.com/”。

(2) 删除Internet临时文件。

(3) 将浏览过的网页保存在计算机上的天数设置为7天。

(4) 清除历史记录。

(5) 将Internet临时文件所占磁盘空间设置为500 MB。

(6) 移动或查看磁盘上的Internet临时文件夹。

(7) 设置IE访问过的链接为“黄色”,没访问过的链接为“红色”。

(8) 尝试改变字体、语言、辅助功能等的设置,观察相应的变化。

2. “安全”选项的设置

(1) 查看并适当调整Web区域的安全级别,并放弃所做的修改。

(2) 自定义级别,将安全级设为“高”,并恢复为默认级别。

(3) 将“www.sohu.com”添加到受信任的站点。

(4) 将“www.139500.com”添加到受限的站点。

3. “隐私”选项的设置

(1) 将隐私设置为“高”级别,阻止没有明确许可的第三方Cookie。

(2) 设置弹出窗口阻止程序。

4. “内容”选项的设置

(1) 选择“启用”,在“级别”选项卡中将暴力设为3级。

(2) 选择“自动完成”,在对话框中,清除表单和密码。

5. “程序”和“高级”选项的设置

(1) 选择网页中需调用的控件。

(2) 在多媒体中设置播放网页中的动画、声音、视频。

(3) 在浏览网页中禁止脚本调试。

操作2　使用IE浏览器浏览网页

1. 启动IE

启动IE浏览器之前,应该将用户的计算机与Internet连接,如图6.15所示。

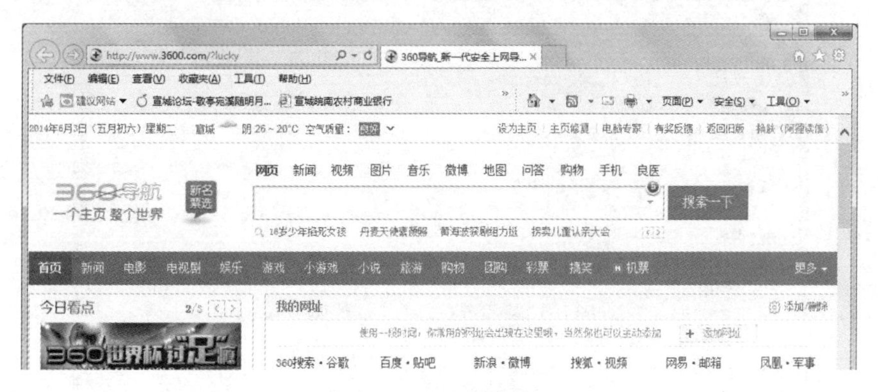

图6.15　IE浏览器

2. 工具栏的应用

(1) 打开任意一个网站进行浏览,进入下一级的网页进行浏览。

(2) 单击工具栏的“停止”“刷新”“主页”“后退”等按钮,并观察操作结果。

(3) 单击工具栏的“搜索”“收藏”“媒体”“历史”等按钮,并分析其功能。

3. 地址栏的使用

(1) 在IE浏览器中的地址栏内先后输入“网易”和“宣城职业技术学院”的域名,最后再重复操作,并查看地址栏的内容。

(2) 在Internet选项中清除历史记录,再查看地址栏的内容。

4. 浏览栏的使用

分别使用“搜索栏”“收藏夹”“历史记录”等三种形式对浏览的网页进行操作。

（1）使用搜索栏

① 单击工具栏的“搜索”按钮，浏览器左边窗口出现搜索栏；

② 使用搜索栏搜索有关“复旦大学”的网页，打开该网站，并查找有关“专业设置”的内容。

（2）使用收藏夹

① 将“复旦大学”和“宣城职业技术学院”的网址添加到收藏夹中，其中将“复旦大学”的网页设置成允许脱机使用，并设置用户名为“good”和密码“888”；

② 整理收藏夹，新建文件夹“大学”，将“复旦大学”网址移至“大学”文件夹中，并将“宣城职业技术学院”网址删除。

（3）使用历史记录栏

① 单击工具栏的“历史”按钮，浏览器窗口左边出现历史记录栏；

② 单击“今天”的访问记录，查看访问历史记录。

操作3 保存与管理有价值信息

1. 保存整个网页

打开某个网页，点击菜单栏中的“文件”→“另存为”，打开“保存网页”对话框，在保存类型中选择“网页，全部”类型，如图6.16所示。

图6.16 “保存网页”对话框

2. 保存网页中的图片

打开某个网页，鼠标右击要保存的图片，弹出快捷菜单，单击“图片另存为”命令，打开“保存图片”对话框，指定保存位置和文件名即可。

3. 保存网页中文字

（1）如果保存网页中全部文字，保存方法与保存整个网页类似，选择保存类型为“文本文件”。

（2）如果保存网页中部分文字，则先选定要保存的文字，鼠标右击执行“复制”命令，将内容粘贴到文本文档或Word文档中。

四、技能拓展

1. 清除上网痕迹

IE浏览器提供了一个“自动完成”功能，用户上网过程中，在URL地址栏或网页文本框中所输入的网址及其他信息会被IE自动记住。当用户再次重新输入这些网址或信息的第一个字符或文字时，这些被输入过的信息会自动显示出来，就好像留下“痕迹”一样。虽然给用户带来了方便，但同时也给用户带来潜在的泄密危险。要清除上网“痕迹”，可通过IE的“内容”选项中“自动完成”来设置。

2. 关键字组合搜索

搜索引擎是目前网络检索的最常用工具。为了更加快速、准确地搜索到用户所需要的信息，除了常用的关键字搜索之外，一般的搜索引擎还支持多个关键字的组合搜索。各关键字之间用“,”分隔号，“+”“-”连接号（“+”表示包括该信息，“-”表示去除该信息）。如在搜索文本框中输入“网站+文档”，则表示搜索有关网站和文档的所有信息。

项目七　常用工具软件

实训一　安装并使用360安全卫士

一、实训目的

掌握360安全卫士的使用方法。

二、实训内容

(1) 对电脑进行体检。
(2) 使用软件管家。

三、实训步骤

(1) 进入360安全中心主页“http://www.360.cn”,如图7.1所示,下载“360安全卫士”安装文件,并按提示完成安装。

图7.1　360安全中心主页

(2) 启动360安全卫士,单击“电脑体检”,对电脑进行全方位的检测,如图7.2所示。

(3) 启动360安全卫士,单击“软件管家”, 如图7.3所示,从软件列表中查看可以下载的所有软件。

图7.2　360安全卫士“电脑体检”界面

图7.3　360安全卫士“软件管家”界面

实训二 安装并使用360杀毒软件

一、实训目的

掌握360杀毒软件的使用方法。

二、实训内容

（1）对电脑进行杀毒。

（2）更新病毒库。

三、实训步骤

（1）运行360安全卫士，单击“软件管家”，如图7.4所示，从软件列表中点击下载“安全杀毒”软件，下载并安装“360杀毒”软件。

图7.4 下载“360杀毒软件”

（2）启动360杀毒软件，单击“检查更新”，如图7.5所示，更新病毒库。

（3）单击“快速扫描”对当前计算机进行快速扫描，如图7.6所示，检查是否感染计算机病毒。

图7.5　360杀毒软件主界面

图7.6　360杀毒快速扫描

(4) 插上U盘，选择自定义扫描，选择扫描可移动磁盘，如图7.7所示，对插入的U盘进行扫描杀毒。

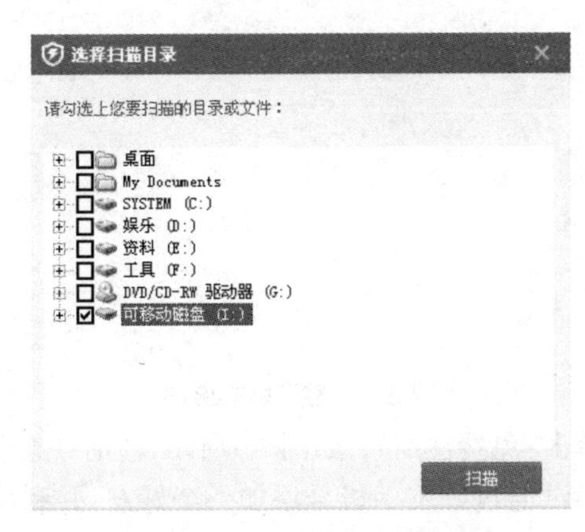

图7.7　360杀毒自定义扫描

实训三　安装并使用移动飞信

一、实训目的

掌握移动飞信的使用方法。

二、实训内容

（1）添加手机通讯录好友。
（2）发送飞信短信。

三、实训步骤

（1）运行360安全卫士，单击“软件管家”，如图7.8所示，从软件列表中点击下载“聊天工具”软件，下载并安装“飞信2016”。

图7.8　下载“飞信2016”

（2）启动飞信2016，单击“免费注册”，如图7.9所示，注册一个新账号。

（3）登录飞信2016，尝试通过好友手机号添加一个好友，并利用飞信向其发送一条问候短信，如图7.10所示。

图7.9　注册飞信2016

图7.10　发送飞信短信

实训四　安装并使用压缩软件

一、实训目的

掌握WinRAR的使用方法。

二、实训内容

(1) 压缩文件。
(2) 解压压缩文件。

三、实训步骤

(1) 运行360安全卫士,单击“软件管家”,如图7.11所示,从软件列表中点击下载“压缩刻录”软件,下载并安装“WinRAR 5.10”。

图7.11　下载“WinRAR 5.10”

(2) 启动WinRAR,打开文件夹“我的文档”,单击“我的音乐”文件夹,右键选择“添加到My Music.rar”,生成压缩文件“My Music.rar”保存至文件夹“我的文档”。

(3) 从因特网上下载一个压缩文件，利用WinRAR 5.10将其解压到D盘下，如图7.12所示。

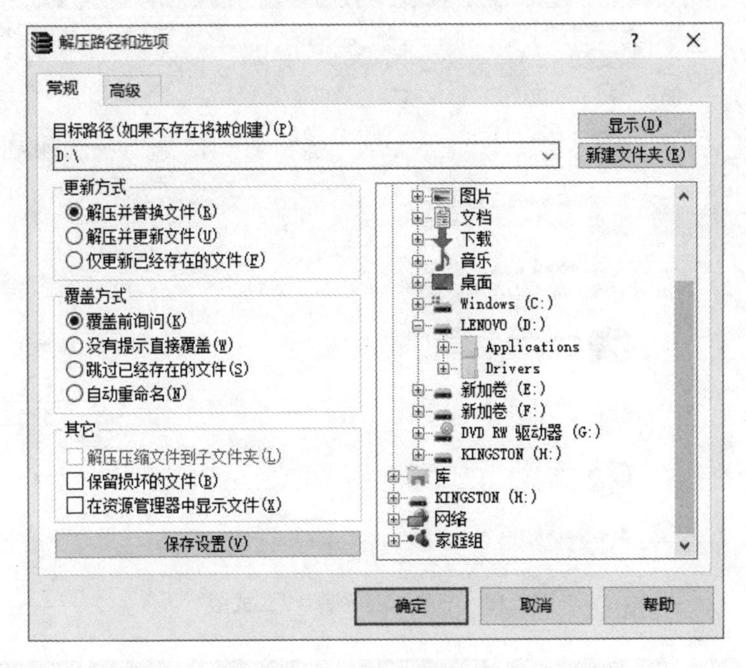

图7.12　解压压缩文件

实训五　安装并使用QQ影音播放电影

一、实训目的

掌握QQ影音的使用方法。

二、实训内容

(1) 播放光盘或者下载的电影。
(2) 截取电影中的图片或一段影片。

三、实训步骤

(1) 运行360安全卫士，单击“软件管家”，如图7.13所示，从软件列表中点击“视频软件”软件，下载并安装“QQ影音3.7正式版”。

(2) 启动QQ影音3.7正式版，播放下载或存储的高清电影，如图7.14所示。

(3) 从电影中截取几张图片制作电影的宣传海报，如图7.15所示。

图7.13　下载“QQ影音3.7正式版”

图7.14　播放电影

图7.15　截图

参 考 文 献

[1] 魏民,李宏.大学计算机应用基础实训指导与测试[M].北京:中国水利水电出版社,2012.

[2] 孙锐,周巍.大学计算机基础实训指导[M].武汉:武汉大学出版社,2012.

[3] 田丰春.大学计算机基础实训指导[M].北京:清华大学出版社,2012.

[4] 高万萍,吴玉萍.计算机应用基础实训指导[M].北京:清华大学出版社,2013.

[5] 郑尚志.计算机应用基础实验实训及考试指导[M].合肥:安徽大学出版社,2015.